尼雅佛塔（由北向南摄）

被流沙包围的安迪尔佛塔（由西向东摄）

热瓦克佛寺周边环境

廷姆古城远景（由西向东摄）

道孜勒克古城内的建筑遗存

道孜勒克古城中心残存的立柱

安迪尔古城遗址内的南方古城

安迪尔古城遗址内的戍堡残墙（由东向西摄）

新疆文物保护研究丛书

（乙种本之一）

新疆和田地区佛塔抢险加固工程报告

新疆维吾尔自治区文物古迹保护中心　编

科　学　出　版　社

北　京

内 容 简 介

本书主要介绍了新疆和田地区尼雅遗址、安迪尔古城遗址及热瓦克佛寺三处遗址中重要的标志性建筑佛塔的保存现状、建造工艺及技法特点；研究了佛塔所处的地理环境、风场、温度、降水等环境特征；分析了佛塔的主要病害及其成因；研究归纳了加固佛塔的主要措施及技术方法，并进行了技术总结。

本书适合文物保护与管理、古建筑修缮等专业领域的科技工作者，以及高等院校相关专业的师生参考阅读。

图书在版编目（CIP）数据

新疆和田地区佛塔抢险加固工程报告 / 新疆维吾尔自治区文物古迹保护中心编. —北京：科学出版社，2013

（新疆文物保护研究丛书. 乙种本：1）

ISBN 978-7-03-035985-8

Ⅰ.①新… Ⅱ.①新… Ⅲ.①佛塔－修缮加固－研究报告－和田地区 Ⅳ.①TU252

中国版本图书馆CIP数据核字(2012)第270410号

责任编辑：孙 莉 吴书雷 / 责任校对：李 影

责任印制：赵德静 / 封面设计：谭 硕

科 学 出 版 社 出版

北京东黄城根北街16号

邮政编码：100717

http://www.sciencep.com

中国科学院印刷厂 印刷

科学出版社发行 各地新华书店经销

*

2012年12月第 一 版 开本：889×1194 1/16

2012年12月第一次印刷 印张：10 1/4 插页：2

字数：280 000

定价：148.00元

（如有印装质量问题，我社负责调换）

编辑委员会

目　　录

勘 察 篇

设　计　篇

研　究　篇

勘察篇

尼雅、安迪尔及热瓦克遗址佛塔勘察报告

一、和田地区概况

（一）地形地貌

和田地区位于新疆维吾尔自治区的最南端，东部与巴音郭楞蒙古自治州毗连，南部越昆仑山抵藏北高原，北部深入塔克拉玛干沙漠腹地与阿克苏地区相邻，西部连喀什地区，西南以喀喇昆仑山与印度、巴基斯坦接壤。辖区地域广大，东西长约670千米，南北宽约600千米，总面积24.78万平方千米，其中绿洲面积9730平方千米。和田地区的地势南高北低。南部雄伟的昆仑高山成弧形横贯东西，峰峦重叠，山势险峻。北坡为浅丘低山区，峡谷遍布，南坡则山势转缓。山脉高峰一般海拔为6000米左右，最高达7000米以上。

自南部山麓向北，分布有大面积的戈壁。发源于昆仑山和喀喇昆仑山的数十条河流流出山区后，在中下游的冲积扇平原上形成了大小不等的绿洲。冲积扇的边缘连接塔克拉玛干沙漠直至塔里木盆地中心。由此，整个和田地区的地貌可大致分为山区、平原和沙漠三个单元。

（二）水文气候

昆仑山和喀喇昆仑山海拔5000米以上的山区，大部分为冰雪覆盖，形成了独特的现代冰川发育与分布区。和田全地区冰川面积11447平方千米，占全疆冰川面积的43.9%，是我国最大的冰川区之一。冰川水资源储量11400亿立方米，年补给地

表水约14亿立方米，占年径流量的20%。和田地区有属于塔里木盆地的内陆河流36条，全部发源于昆仑山和喀喇昆仑山，年径流量为73.45亿立方米。从东到西的河流，主要有安迪尔河、尼雅河、克里雅河、策勒河、玉龙喀什河、喀拉喀什河、桑株河、皮山河等。在流向塔里木盆地内部的途中，这些河流大多消失于灌区或沙漠中。只有水量最大的玉龙喀什河、喀拉喀什河两河汇合成的和田河，向北流入塔里木河。

和田地区深居内陆，远距海洋，四周高山（天山、昆仑山、帕米尔高原）环绕，大陆性强，西来冷湿气流和印度洋热湿气流难于抵达，很少受海洋气流影响。在我国东部盛行的东南季风，也因相距遥远，难以飘临。本区所处纬度较低、寒潮受阻于天山，因而气温较高，属于暖温带极端干旱荒漠气候。其主要特点是：夏季炎热，冬季寒冷，四季分明，热量丰富，昼夜温差及年较差大，无霜期长，降水稀少，蒸发强烈，空气干燥，气候带垂直分布也较明显。

由于全区范围大，面积广，不同地形、地貌条件下，生物、气候差异极大，大致可分为南部地区、绿洲平原区、北部沙漠区三种气候类型。

南部山区：在海拔不同的地区，呈现出较为明显的垂直气候带。以海拔高度3000米为界， 1800～3000米的前山河谷地带，属于温带或寒温带气候带。全年平均气温4.7℃，极端最高气温34.0℃～30.4℃，极端最低气温-25℃，全年降水量127.5～201.2毫米，大于10℃的活动积温在3400℃以下，夏季短促，冬季漫长，部分地区逆温层比较明显，冬季气温比平原区高1℃～2℃；海拔3000米以上的山区属寒带气候，气候寒冷，无四季之分，只有冷暖之别，冷季长于暖季，降水量分布极不均匀，一般年平均降水量300毫米左右 ，0℃以上的生长期有120～150天；海拔5500米以上为终年低于摄氏零度的永久积雪带。

绿洲平原区，四季气候的基本特点：春季多大风，夏季炎热干旱，秋季凉爽降温快，冬季少雪不冷，属于暖温带极端干旱的荒漠气候。年平均气温11.0℃～12.1℃，年降水量28.9～47.1毫米，年蒸发量2198～2790毫米。

北部沙漠区：气候非常干燥，少雨，日照强烈，冷热剧变，风大多沙，是极为典型的大陆荒漠气候区。

平原地区无霜期为182～226天，多数在200天以上，沙漠和山区初霜期比平原绿洲区早，终霜期晚。

冬季降雪量少，平均降雪日数为6.3天，平均降雪量3.6毫米，最多21天，雪量23.2毫米，冬不严寒。气温年较差为23℃～35℃，日较差为12.8℃～16.3℃。

（三）历史沿革与宗教文化

和田史称和阗、于阗。“于阗”，藏语意思为“产玉石的地方”。考古学研究证实，秦汉以前，有操印欧语系和汉藏语系和塞人、羌人、月氏人等不同的古老土著民族在这里生存。西汉张骞通西域后，和田地区第一次被记入汉文典籍《史记》。公元前60年（西汉神爵二年），汉设西域都护府，当时位于塔里木盆地周边的西域三十六国中有皮山、于阗、渠勒、精绝、戎卢诸国都在今和田地区境内。魏晋时期，于阗与祖国内地保持着密切关系。公元675年（唐上元二年），唐朝在此设毗沙都督府，置十州。后来，于阗还成为安西都护府下辖的四大军镇之一。元代这里是蒙古诸王分封地，至元年间设宣慰使元帅府。1759年（清乾隆二十四年）设和阗办事大臣，受叶尔羌办事大臣节制，和阗城设三品阿奇木伯克。1883年（光绪九年）置和阗直隶州，1920年（民国九年）设和阗道，1928年（民国十七年）改为行政区，设行政长公署。1943年行政区改为专区，设行政督察专员公署。新中国成立后，设立和阗专区专员公署，1959年改和阗为和田。1977年建立和田地区行政公署。

如今的和田是一个典型的伊斯兰教地区，而在历史上，曾经有多种宗教在这里流传。研究表明，于阗最早流行萨满教。约在公元1世纪左右，佛教传入并很快兴盛起来。这里最初传入的是小乘佛教，后来大乘佛教也开始流行，很快就成为西域著名的佛国。东晋高僧法显到于阗后，就见“其国丰乐，人民殷盛。尽皆奉法。以法乐相娱。众僧乃数万人。多大乘学。皆有众食。彼国人民星居。家家门前皆起小塔。最小者可高二丈许。作四方僧房供给客僧”。唐朝高僧玄奘曾路经于阗，亲眼观看了当地的佛教“行像”活动。今天和田地区所能见到的佛塔，大多数应是在这种建塔风潮下修建的。另外，在历史文献和考古材料中，我们还能见到当地祆教和摩尼教的踪迹。公元11世纪，伊斯兰教传入于阗，逐渐取得优势地位，其他宗教日趋式微并最终消亡。

二、佛塔建筑情况

（一）尼雅佛塔

尼雅遗址位于新疆和田地区民丰县境内，地处塔克拉玛干沙漠腹地。研究表明，遗址的年代上限可早至西汉，下限至前凉时期，即公元前2世纪至公元4世纪末。这里是两汉魏晋时期究精绝国遗址。《汉书・西域传》所记的西域精绝国“户480，口3360，胜兵500人”。东汉中期以后为绿洲大国鄯善兼并，称其地为“凯度多州”。公元4世纪末以后废弃。

尼雅遗址是20世纪初由英国人A. 斯坦因首次发现。遗址以地理坐标为北纬37°58′20.7″，东经82°43′27″的佛塔为中心位置，其范围南北长约30千米，东西宽约7千米。沿尼雅河呈南北向细长形状。尼雅遗址是典型的内陆荒漠绿洲城邦聚落遗址；遗址内除发现90多处的房屋以外，还有多种遗迹，如佛塔、古桥、墓地、果树园、寺院、手工作坊、家畜饲养舍、田地、林荫路，而且还保留着大量的枯树林及河床等，可以说是极为珍贵的全人类共同的文化遗产。经过考古调查、发掘过程中出土和采集了木简、木雕、各种纺织物等。该遗址是塔克拉玛干现存最大的遗址群，它对汉晋时期丝路南道邦国以及丝路的人文地理变迁的研究有着重要价值。

尼雅遗址佛塔基本位于遗址的中央，是最重要的标志性建筑。佛塔是用土坯砌成的，位于由几个高10米左右的红柳包聚集而成的山坡南麓（图一），南侧是比较平坦的开阔地形，从很远的地方也能很容易地看到，显示了佛塔明显的中心标志地位，应该是有意识的安排，也反映了佛教在此地的崇高地位。佛塔的建筑形制下为方形基座，上为圆柱形塔身（图二）。此塔的形制与其周边如楼兰佛塔、米兰佛塔、安迪尔佛塔、喀什的莫尔佛塔和库车的苏巴什佛塔极为相近。现在从西侧向中

图一 尼雅佛塔及周边环境

心部有一个很可能是盗掘坑的洞而使佛塔受到很大破坏。南侧墙壁塌落，东侧和北侧的保存状态比较好，东南部二层上部一角，土坯砌筑的结构已经完全离散，现在塌落的现象正在继续，东南部下层的损伤尤其严重。佛塔建在平面正方形的二级基坛上，上端为圆柱状的圆顶状，下层被破损严重，仅存东、北及西边的一部分，如果恢复，大概是边长约5.60米的正方形。高度可以推测在1.80米左右，第2层除南边以外，都较好地保存着，是边长约3.90米，高2.15米的方形。上面的圆顶部分直径1.90米，高1.90米。综合起来塔的高度是5.85米。另外顶部的中心有一个直径0.40米的洼穴。如果按斯坦因的报告，应该有一个0.30米方形塔芯基，现在无法认别。塔的构造是由土坯和放入麻刀的泥黏土相互交替砌成的，土坯和泥黏土的厚度几乎相同，土坯的大小不一，平均起来长55厘米，宽24厘米，厚12厘米左右，各边平行排列，土坯的接缝正好是上层的中间位置那样错开排列着。圆顶部分用的是宽20厘米左右的小型土坯，朝外侧呈辐射状延伸。因此，各土坯之间有间隙，看上去圆顶部分像蜂巢一样。根据观察崩塌的南墙面，内部的土坯有呈垂直或平行向的界限。内

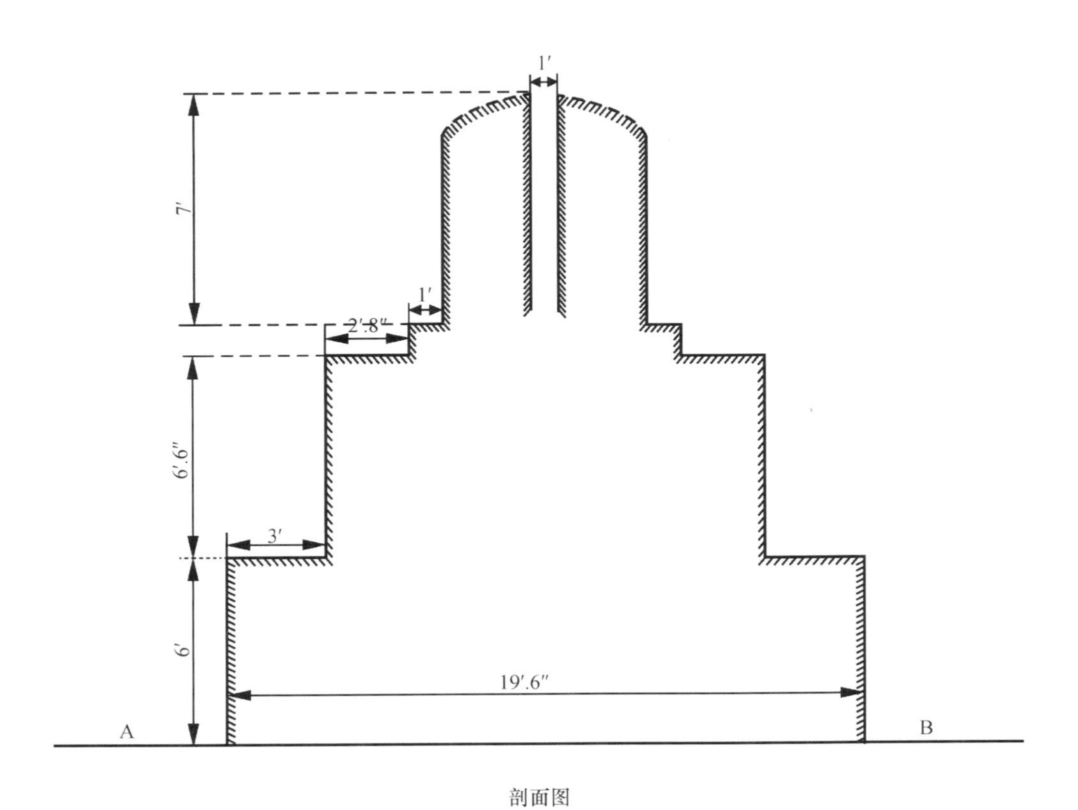

剖面图

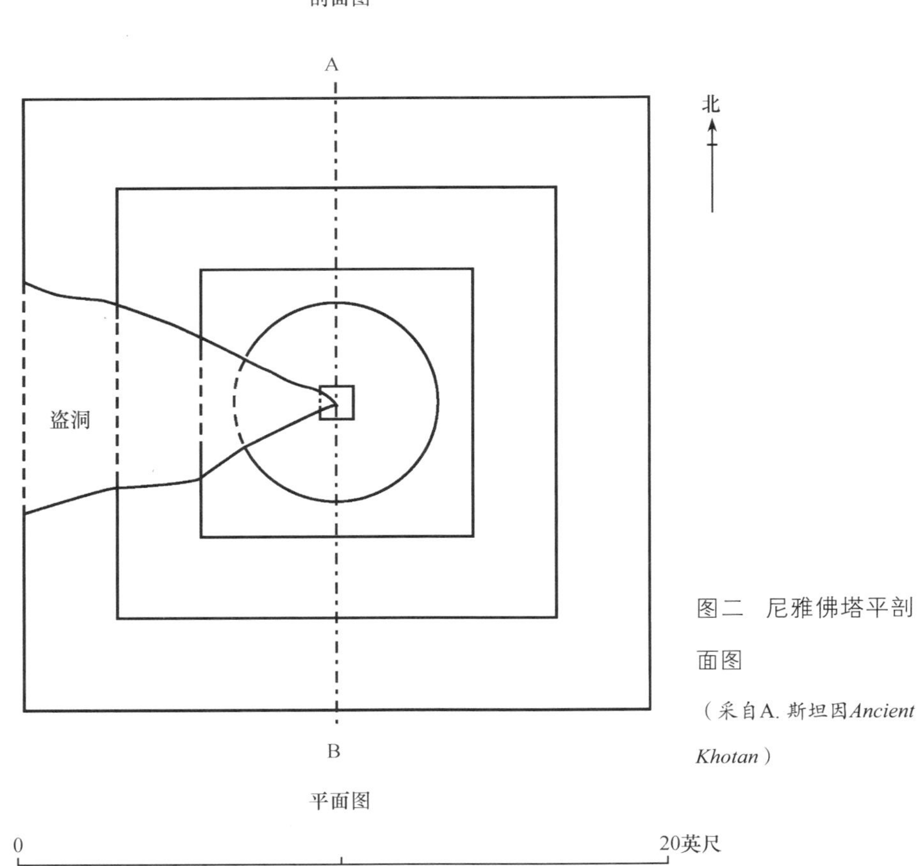

平面图

0
20英尺

图二　尼雅佛塔平剖面图

（采自A. 斯坦因*Ancient Khotan*）

剖面图

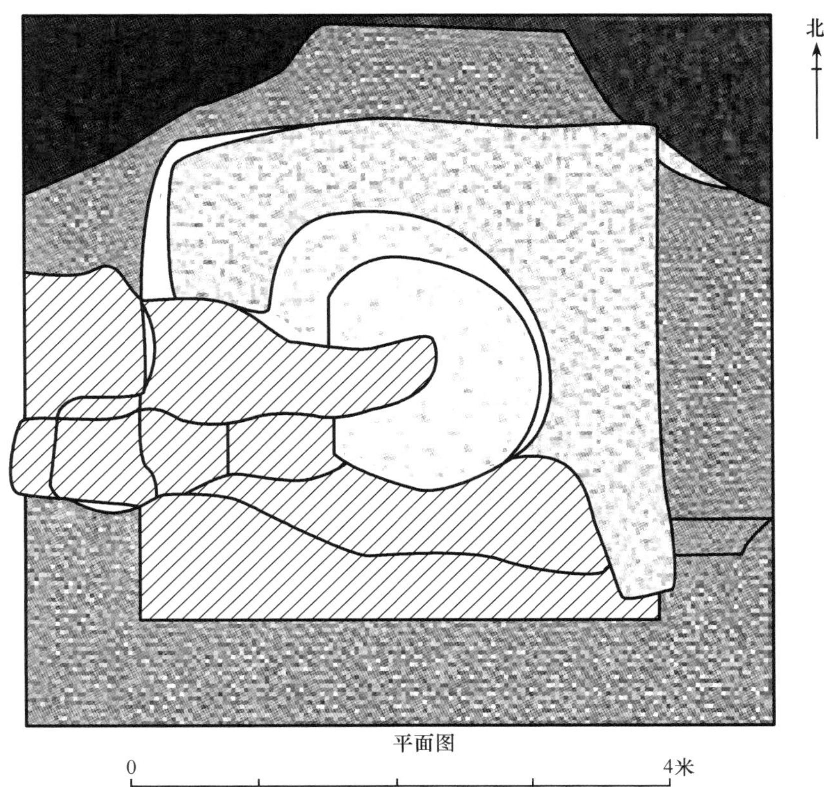

平面图

0 4米

图三 中日尼雅联合考察队测绘的尼雅佛塔平面图及剖面图

部有形成核心的坛。内部坛呈金字塔状共3层，下层宽3.05米，上端与外侧最下端的上面的高度几乎相同：中层宽2.20米，高1.25米。从内部核心的存在可以看出，建塔时先建一圈小型基坛，然后在其外围附建墙壁而成（图三）。另外，塔表面原来曾涂过装饰土，但由于已全部脱落而无法确认。只是在下坛的上端能看到铺设含红柳小枝和苇草等泥黏土的痕迹，可以认为这是为了保护表面所采取的措施。

（二）安迪尔佛塔

安迪尔古城遗址位于新疆和田地区民丰县安迪尔牧场东南约27千米的沙漠腹地。遗址群分布在安迪尔河下游的东西两岸，主要由佛塔、廷姆古城、道孜勒克古城、阿其克考其克热克以及周围的墓葬、冶炼作坊、戍堡等组成。

安迪尔古城遗址是丝绸之路南道一处汉唐时期重要遗存。从遗址建筑形式以及出土文物推测，始建于汉代，约在南北朝时第一次废弃。至唐代中期，这里再度被重新起用。公元9世纪后逐渐被彻底废弃。

佛塔的地理坐标为东经83°49′16″，北纬37°47′32″，建筑在一处雅丹台地上，其北面、东面堆积有流沙，南面、西面、西北面由于风蚀作用，大幅度向下凹进（图四）。西南面的坑，最低处距佛塔底部垂直距离约4.5米（图五）。在东南面

图四 被流沙包围的安迪尔佛塔

图五 安迪尔佛塔地基被风蚀的状况

图六 安迪尔佛塔地基附近的风蚀凹坑

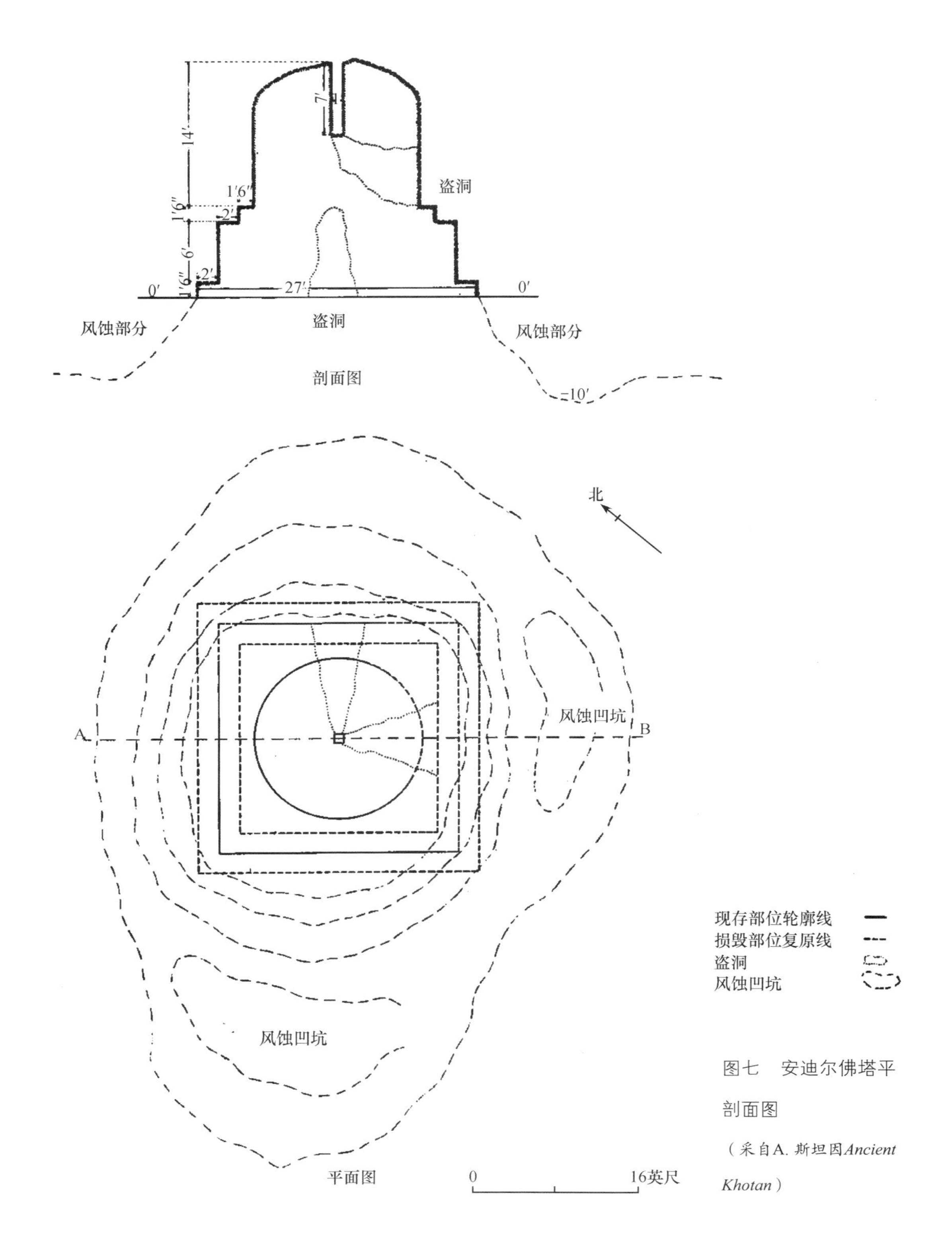

图七　安迪尔佛塔平剖面图

（采自A. 斯坦因*Ancient Khotan*）

地面上也形成一不规则坑，深约0.6米。在东北面也形成一不规则坑，深约0.4米（图六）。

佛塔的建筑形制是方形地基的覆钵式塔（图七）。地基共有三层，由下向上逐渐内收。第一层边长8.2米，直接建筑在雅丹台地上。目前暴露于地表的仅存东北面的一块，其余部分仅能在佛塔下部的直立面上见到。由于地基大面积向内塌坍，可见这一层厚约0.5米，全部用胶泥筑成；第二层，内收约0.6米，先以土坯在第一层地基上平铺一层，再在土坯上砌上一层胶泥。然后在胶泥层上再砌一层土坯，土坯上再加一层胶泥建筑而成。分别以两层土坯和两层胶泥间隔垒砌而成。本层高约1.8米；第三层，向内收约0.6米，全部用胶泥堆砌而成，高约0.5米。覆钵部分内收约0.5米，全部以土坯拌以胶泥，垒砌而成，高约4.3米，呈圆柱形。佛塔塔基部分边沿残失大部分，四角均已不存。佛塔的东北面，现存一盗洞，一直向内抵达塔的中心部位（图八）。盗洞深约2米，高约1.6米，宽约1.4米。佛塔的中心部位，由覆钵顶部向下，现存一个约0.3米见方的柱槽。据斯坦因记录，其中原插有一根木柱，沿着佛塔中心向下达7英尺深，可能用以悬挂塔幡之用。目前，东北面的盗洞已与这段柱槽联通。在覆钵的东南面的上半部分，另存一个盗洞，也与柱槽联通（图九）。盗洞高约1.2米，宽约0.5米。在东北面盗洞内，可见佛塔内部的构筑情况，主要用土坯垒砌（图一〇）。在土坯的上下左右各面，均抹以胶泥相互粘连。土坯尺寸大致为50厘米×30厘米×10厘米。

为了保护佛塔，1993年和田地区文物管理所专业人员对佛塔的基础部分进行了加固，以防止风蚀破坏。

（三）热瓦克佛塔

热瓦克佛寺遗址位于新疆和田地区洛浦县城西北50千米处的沙漠中，地理坐标东经80°9′49.62″，北纬37°20′44.58″，遗址四周地貌为沙丘，海拔1290米。这是一处以佛塔为中心的寺院建筑遗址（图一一）。

从建筑形制以及出土文物分析，热瓦克佛寺遗址始建于公元2～3世纪，一直沿用至唐代后期才逐渐废弃。20世纪初，热瓦克佛寺被英国探险家斯坦因发现之后，

图八　安迪尔佛塔东北侧的盗洞

在国内外考古界和史学界引起了很大反响。

现存建筑规模基本保留了初建时期的状况（图一二）。塔院建筑遗迹平面呈方形，位于中部的佛塔用土坯砌筑，残高9米，平面为“十”字形。塔基分四级，平面呈方形，边长15米，高5.3米。塔身为圆柱形，直径9.6米，残高3.6米（图一三）。塔顶为覆钵形，已残。佛塔四周的围墙（图一四），南、北长45.5米，东、西长49.3米，残高约3米，厚约1米。遗址总面积达2370平方米。在南墙中部开有院门。院墙用土坯砌筑。根据以前调查得知院墙内外有大量壁画、泥塑佛像，主要是佛和菩萨像。泥塑佛像靠贴在院墙内外两壁。大立佛高达3米，约每隔六七十厘米安置一尊。斯坦因在南墙和东墙发现塑像共91尊。在每两尊立佛之间配置菩萨供养像，基本呈对称排列。佛像背后的头光中往往还有影塑小佛像，偶尔也有金刚杵和图案穿插其间。塑像原来曾装饰过，表面残存彩色，有的还贴有金箔。出土的文物除壁画、佛像外，还有五铢钱、佛珠和各种陶器等。

图九 安迪尔佛塔覆钵上的盗洞

图一〇　安迪尔佛塔东北侧盗洞内景

图一一　热瓦克佛寺全景

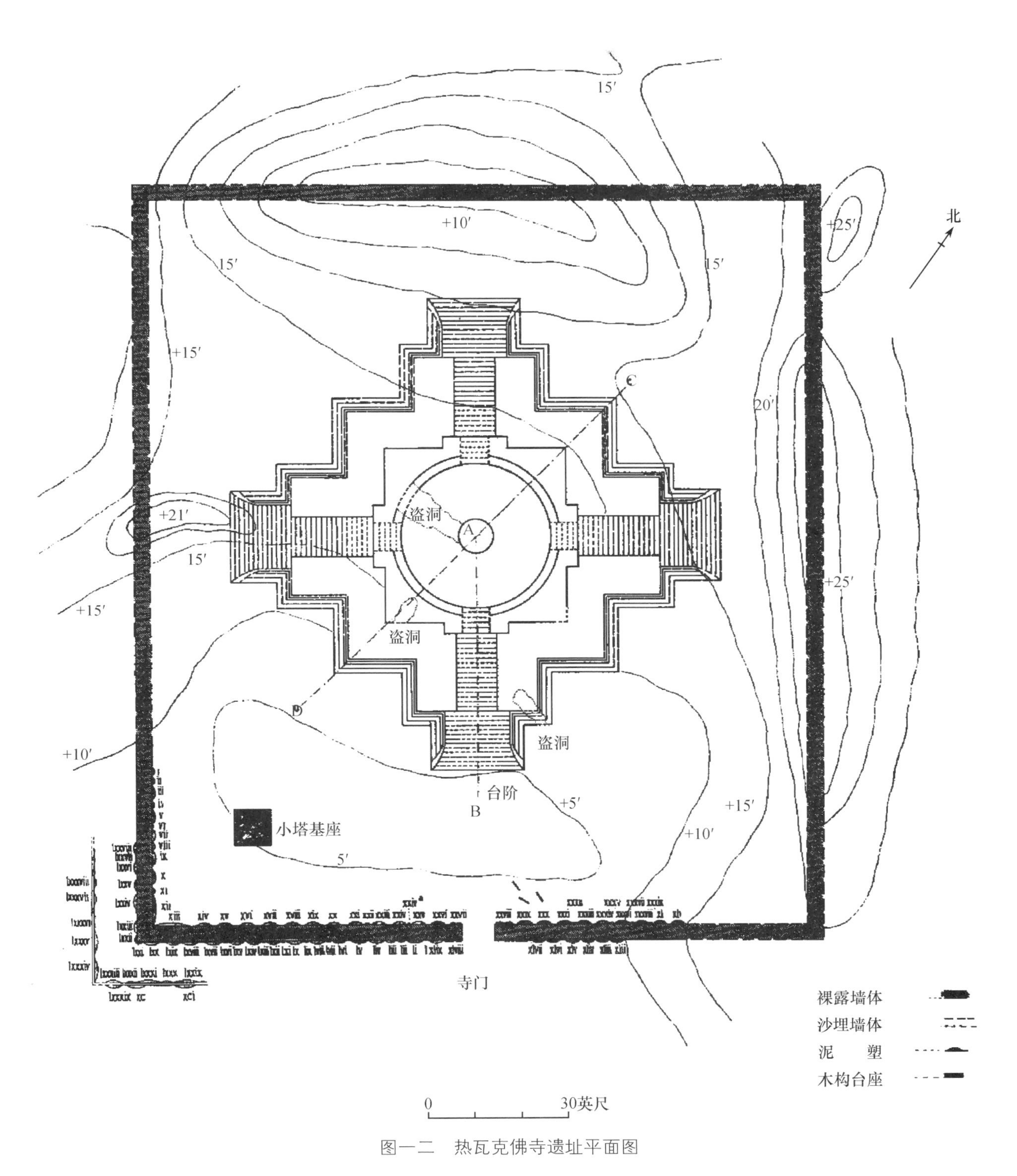

图一二　热瓦克佛寺遗址平面图

（采自A. 斯坦因*Ancient Khotan*）

图一三　热瓦克佛塔东侧

图一四　热瓦克佛寺的围墙

三、主要病害情况及成因分析

上述三处佛塔虽位于不同的地点，但是建造工艺、所用材料以及赋存环境基本相同，因而主要病害情况也是大同小异：

（一）表面风蚀

由于佛塔地处空旷的沙漠中，四周缺少其他屏障物遮挡，致使风力直接作用于佛塔本体。风蚀在佛塔的各种病害中占主导地位，它自始至终都参与各种病害发生、发展，对其他病害起到加重作用。在风沙的磨蚀与旋蚀作用下，佛塔表面被吹蚀成凹凸不平的蜂窝状（图一五、图一六）。

图一五　尼雅佛塔覆钵上的风蚀面

图一六 热瓦克佛塔表面的风蚀病害

（二）雨水、雪水侵蚀

佛塔虽处于干旱的沙漠区，但近年来这一地区大气降水明显较以往增多。佛塔的水蚀病害主要有两种情况：墙面片状剥蚀、低凹处浸水。墙面片状剥蚀是在大气降水作用下土体崩解成泥流附着在墙体上，在强烈的干湿交替作用下形成泥皮，再由于风等外力的作用，造成泥皮脱落。低凹区浸水主要发育在佛塔水平面上的一些凹坑处（图一七）。

（三）裂隙发育

在长期的内外营力作用下，佛塔本体裂隙密布。在风雨的作用下，裂缝不断加长变宽，造成塔体残失，主要是风蚀作用所致（图一八～图二〇）。

（四）盗洞顶部坍塌

三处佛塔上均有盗洞存在，由于长期的自然风化作用，风力直接作用于塔内的壁面，直接掏蚀内部，致使层理面风化开裂，在重力作用下产生变形，形成裂隙。

图一七　尼雅佛塔上的水渍

图一八　尼雅佛塔上的裂隙

图一九　安迪尔佛塔覆钵上的裂隙

图二〇　热瓦克佛塔表面的裂隙和小孔

随着裂隙进一步发育，周围土体对它的挤压摩檫作用减小，小于块体的自重，形成坍塌（图二一～图二三）。

图二一　尼雅佛塔西侧的盗洞

图二二　热瓦克佛塔西侧的盗洞

图二三　热瓦克佛塔南侧的盗洞

（五）地基残失

佛塔的地基为雅丹台地或戈壁，在长期的风力作用下，地基不断残失。若任其进一步发展，必将危及文物本体的安全。

四、评　　估

（一）价值评估

（1）三处佛塔所在的尼雅遗址、安迪尔古城遗址以及热瓦克佛寺遗址均为全国重点文物保护单位。

（2）佛塔外观高大雄伟，建筑年代久远，历经千年沧桑，至今仍伫立在荒漠中，为和田地区的历史地理及佛教文化的研究提供了重要的实物资料。

（3）佛塔建筑选址讲究，设计巧妙，工艺技术独特，对于研究古代新疆生土建筑艺术，尤其是佛教艺术具有极大的参考价值。

（4）作为三处遗址中最重要的标志性建筑，佛塔在国内外享有盛誉，具有十分重要的景观艺术价值。如果对其加强管理，强化保护，合理利用，将会积极地推动和促进当地文化事业的发展，带动当地社会经济的进步和发展。

（二）管理条件评估

1979年，成立了和田地区文物保护管理所，对全地区的文物进行保护管理。目前，和田地区文物保护管理所有干部职工13人，其中中级职称4人，初级职称4人。另外，在尼雅遗址、安迪尔古城遗址以及热瓦克佛寺遗址均聘请了多名护理员，定期进入遗址，就近看护，确保文物的安全。

（三）保存现状评估

（1）佛塔虽有不同程度的损毁，但建筑主体，尤其是基础大部分保存尚好。千百年来，佛塔的赋存环境也未发生较大的变化。

（2）佛塔的地基以及深入内部的盗洞，这些部位的病害发育将对佛塔造成结构上的破坏，危害极大。如不采取有效的保护措施，佛塔存续的时间将大大缩短。

（3）佛塔所处的位置是没有人烟的沙漠，应采取有效措施，将人为破坏降低至最小程度。

设计篇

尼雅遗址佛塔保护加固项目设计报告

2004年，新疆维吾尔自治区文物局委托专人进入尼雅遗址，对佛塔现场踏查后，向国家文物局上报了《尼雅遗址佛塔保护加固方案》。同年，国家文物局对这个保护加固方案批复，原则同意，并就相关工作做出了具体指示。2005年，国家启动了大规模的《丝绸之路新疆段重点文物保护计划》，尼雅遗址佛塔保护加固项目被纳入其中的《和田地区重点文物抢救性保护方案》。同时，又将安迪尔城遗址以及热瓦克佛寺遗址中的佛塔加入，决定这两处遗址中的佛塔也采用与尼雅佛塔相同的方法开展加固保护。

一、项 目 背 景

（一）项目的提出

尼雅遗址位于新疆维吾尔自治区和田地区民丰县境内，塔克拉玛干沙漠南缘差不多正中位置，被考古界确定为西汉时期精绝国的遗址。据资料记载，1901年1月英国考古学家A. 斯坦因在结束了对丹丹乌里克的调查后，经热瓦克、克里雅，进入了尼雅遗址。此后，直到1930年，斯坦因四次来中亚探险，每次都调查了尼雅遗址，共收集了700多件佉卢文文书、50多件汉文文件和各种文物；中华人民共和国成立以后，1959年，以李遇春为首的新疆维吾尔自治区博物馆调查队曾对尼雅遗址进行了为期20天的考察，并挖掘出了印有“万年如意”字样的织锦；从1988年开始，中日两国联合开始对尼雅遗址展开学术考察工作，经十年共九次现场调查和广泛领域的研究取得了重大的学术成果。特别值得一提的是1995年的考察，获得了重大的发现，出土了大量丝毛制品，精美绝伦的“五星出东方利中国”织锦和大幅的锦被轰动世界，已被定为国宝级文物。这次的成果也被列为中国1995年考古十大新发现，在国际上引起了重大的反响。

1962年，尼雅遗址被新疆维吾尔自治区人民政府公布为自治区级文物保护单位。1996年，尼雅遗址被国务院公布为全国重点文物保护单位。

佛塔基本位于尼雅遗址的中央，是最重要的标志性建筑。由于历史的原因，尼雅遗址所处的地理环境约制，国内、国际大气候的影响，尼雅遗址佛塔的保护与安全问题日益突出。在日常保护管理工作中，仅靠目前采取的一些人防保护措施已经很难保证尼雅遗址佛塔的安全。结合存在和发生的问题进行分析，严格遵循《中国文物古迹保护准则》的有关规定，参考国内外类似生土建筑遗址的保护方法，我们认为采取必要的加固措施，将会加大保护的力度，减少尼雅遗址佛塔遭到破坏的机率。为此，经过多次的深入调研和实地考察，结合实际，我们提出加强保护措施，进行保护加固项目的申请意向。

（二）历史沿革

古丝绸之路途经塔克拉玛干大沙漠的整个南端，大量考古资料说明，沙漠腹地的遗址曾经有过辉煌灿烂的历史文化。尼雅遗址经历次考古发掘考证，系汉代西域36国之一的精绝国所在地。《汉书·西域传》对尼雅的描写是：“精绝国，王治精绝城，户480，口3360，胜兵500人。精绝都尉，左右将，译长各一人。”精绝国于公元3世纪左右在史籍中消失。

迄今为止，尼雅出土文书1000余件，其中包括100件汉文木简文书。大量汉文书写的政府文件表明，佉卢文是其主要但不是唯一的语言。20世纪初以来，对佉卢文书的转写、释读取得了不凡的成就，简牍的年代学研究也逐步深入，构成了尼雅遗址尤其是其文书研究的基础，加速了遗址年代和性质的分析。汉文文书的“汉精绝王”以及晋武帝“泰始五年”(公元269年)纪年的木简，构筑了尼雅遗址的大致历史框架。公元三四世纪，塔里木盆地东南部的鄯善国兴盛一时，尼雅遗址所在地即是鄯善国的一个“州”，在文书中被称作“凯度多”或“凯度多州”，它的下面又分成3个左右的“阿瓦纳”以及更次级的“村”、“百户”、“十户”。彼此相隔遥远，甚至居住在几大河流流域的人们因此被组织起来。

（三）尼雅遗址佛塔的概况

尼雅遗址位于中国西北部新疆维吾尔自治区的民丰县，是汉晋时期精绝国的故址，年代为公元前3世纪至公元4世纪末。遗址以佛塔为中心，散布于南北长约30千米，东西宽5～7千米的区域内。遗址内发现有房屋、场院、墓地、佛塔、佛寺、田地、果园、畜圈、河渠、陶窑、冶炼遗址等遗迹。出土有木器、铜器、铁器、陶器、石器、毛织品、钱币、木简等遗物。此外，还发现了当时炼铁遗留下来的烧结物和炭渣。精绝故地尼雅，在历史长河中曾繁华一时，最终由著名的绿洲城邦、丝绸之路上的明珠沦为窒息生命的废墟，河流干涸，林木枯死，黄沙滚滚，不见天日。这无法回避的历史与现实值得人们深深思索，不过由于气候干旱无雨，古代遗迹遗物绝大部分得以保存，从文化意义上说，它是一个遗址博物馆，散发着永久的魅力。

尼雅佛塔基本位于遗址的中央，是最重要的标志性建筑。佛塔是用土坯砌成的，位于由几个高10米左右的红柳包聚集而成的山坡南麓，南侧是比较平坦的开阔地形，从很远的地方也能很容易地看到。现在从西侧向中心部有一个很可能是盗掘坑的洞而使佛塔受到很大破坏。南侧墙壁塌落，东侧和北侧的保存状态比较好，东南部二层上部一角，土坯砌筑的结构已经完全离散，现在塌落的现象正在继续，东南部下层的损伤尤其严重。佛塔呈建在平面正方形的二级基坛上的上端为带圆柱状的圆顶状，下层被破损严重，仅存东，北及西边的一部分，如果恢复，大概是边长约5.60米的正方形。高度可以推测在1.80米左右，第2层除南边以外，都较好地保存着，是边长约3.90米，高2.15米的方形。上面的圆顶部分直径1.90米，高1.90米。综合起来塔的高度是5.85米。另外顶部的中心有一个直径0.40米的洼穴。如果按斯坦因的报告，应该有一个0.30米方形塔芯基，现在无法认别。塔的构造是由土坯和放入麻刀的泥黏土相互交替砌成的，土坯和泥黏土的厚度几乎相同土坯的大小不一，平均起来长55厘米，宽24厘米，厚12厘米左右，各边平行排列，土坯的接缝正好是上层的中间位置那样错开排列着。圆顶部分用的是宽20厘米左右的小型土坯，朝外侧呈辐射状延伸。因此，各土坯之间有间隙，看上去圆顶部分象蜂巢一样。根据观察崩塌的南墙面，内部的土坯有呈垂直或平行向的界限。内部有形成核心的坛。内部坛呈金字塔状共3层，下层宽3.05米，上端与外侧最下端的上面的高度几乎相同：中层宽2.20米，高1.25米。从内部核心的存在可以看出，建塔时先建一圈小型基坛，然后在其外围附建墙壁而成。另外，塔表面原来曾涂过装饰土，但由于已全部脱落而无法确认。只是在下坛的上端能看到铺设含红柳小枝和苇草等泥黏土的痕迹，可以认为这是为了保护表面所采取的措施。

二、佛塔的保存现状

尼雅遗址位于民丰县卡巴阿斯卡村(大玛扎)以北的沙漠中，是一个以东经82°43′14″、北纬37°58′35″为中心的狭长地带。民丰县属温带极干旱大陆性气候，干燥度36°，雨量稀少，年均降水量也只有2毫米，而年均蒸发量却有2824毫米。地表温度的极限值可以达到−50°和70°，地貌特征为流动波状沙丘。

由于尼雅遗址佛塔位于塔克拉玛干沙漠腹地，地势及地下水位较高和干燥气候等因素，并处于荒芜的沙漠地带，佛塔受到的建设性的破坏也较小。但其他的破坏现象较为严重，主要有：

（1）盗取挖掘文物的破坏。20世纪初，外国探险家进入尼雅地区肆意盗取挖掘遗址。自20世纪70年代以来，受国内外大气候的影响及利益的驱动，盗取挖掘活动再次抬头，盗取挖掘文物现象时有发生，许多遗址和墓葬遭到毁灭性的破坏。虽然近年来文物、公安部门加大了保护力度，抓获一批盗取挖掘文物、贩卖出土文物的犯罪分子，严厉打击了文物犯罪活动，但盗取挖掘文物的现象仍未能完全禁止。佛塔现在的盗洞虽不能断定开挖的具体年代，但已经形成了无法弥补的损坏。

（2）随着改革开放和经济建设的进一步发展，特别是随着旅游业的迅猛发展，加之，尼雅遗址在世界范围内的知名度，近年来，有组织和没有组织的旅游人员大量进入尼雅遗址，这一现象的破坏存在两种情况。一种是，参观旅游人员的无序进入和随意攀爬、刻画对尼雅遗址佛塔的破坏；另一种是，参观旅游人员在游览过程中，出于好奇或萌发“寻宝”念头，有意挖掘对佛塔的破坏。

（3）近年来，随着塔里木盆地石油勘探的进一步加快一些勘探、运输和施工车辆设备任意进入遗址保护范围，碾压和行驶对遗址的毁灭性破坏。

（4）风沙对尼雅遗址佛塔的侵蚀破坏，在塔基东北角和西北角风蚀的现象尤为明显。据尼雅遗址管理站的护理员介绍，近几年风蚀加快，一年可达4～5厘米；另外，塔身上裂隙密布，沙子被风卷入裂隙加剧了裂隙的发展，这对尼雅佛塔的安全是致命的破坏因素。

（5）近年来，尼雅遗址所在地区降水量有明显增加趋势。佛塔由生土构成，千年来，在自然力的作用下其内部应力已释放完毕，裂隙密布，部分地方已经完全离散，特别是东南角的垂直贯通裂缝，随时都有坍塌的可能，加之处于干燥荒漠地区，雨水的破坏是致命的破坏因素之一。

三、佛塔的保护管理情况

1979年，和田地区成立了文物保护管理所，对全地区的文物进行保护管理。目前，文物保护管理所有干部职工13人，其中中级职称4人，初级职称4人。1999年成立了民丰县文物管理所，协助和田地区文物管理所对尼雅遗址进行日常管理。

尼雅遗址从1994年起开始树立了保护标志，1999年划定了遗址的保护范围，大致成东西长为10千米，南北长22千米的长方形，总面积220平方千米，并且办理了文物保护土地使用证。

近年来，和田地区加大了尼雅遗址的保护管理力度，把保护工作纳入了社会发展总体规划、领导责任制、财政预算中，另外利用会议、电视广播宣传文物保护；1996年3月，成立了隶属于和田地区文物管理所的尼雅遗址管理站，聘有四名护理员，对遗址进行日常的保护管理工作，加强对尼雅遗址的安全巡查。同时，树立了保护标志，建立文物档案，并在通往遗址的一条主要路口设立了路卡，加强文物与公安部门的协作。这些措施使尼雅遗址的安全状况逐渐得到了改善。

2004年3月，根据国家文物局文物保函［2003］1210号文件的指示精神，按照新疆维吾尔自治区文物局的统一安排，由新疆文物古迹保护中心会同和田地区文物管理所、民丰县文物管理所和尼雅遗址管理站对佛塔进行了临时性加固保护，在佛塔东、西两面采用木桩、红柳条和胶泥固沙，将原来佛塔东、西两面由于盗掘和风蚀而悬空的部位进行了填充，对稳定塔身有一定的作用。同时，在塔身的一条垂直贯通裂缝上安装了两套变形观测装置，以对塔的稳定性做进一步的观测。

四、佛塔保护中存在的问题

尼雅遗址位于民丰县卡巴阿斯卡村(大玛扎)以北的沙漠中，位于中心位置的佛塔背靠沙丘，在很远处就能被看到，所以无论是有组织和无组织进入尼雅遗址的人一般都选择在佛塔附近设立大本营，设营的人们难免会对佛塔产生好奇的心理，攀爬、刻画甚至盗掘都有可能发生。

自然力方面，风沙对尼雅遗址佛塔的侵蚀破坏也尤为突出，在塔基东北角和西北角风蚀的现象尤为明显，据尼雅遗址管理站的护理员介绍，近几年风蚀加快，一年可达4～5厘米；另外，塔身上裂隙密布，沙子被风卷入裂隙加剧了裂隙的发展，对尼雅佛塔的安全是致命的破坏因素。

再者，尼雅遗址佛塔由生土构成，千年来，在自然力的作用下其内部应力已释放完毕，裂隙密布，部分地方已经完全离散，特别是东南角的垂直贯通裂缝，随时都有坍塌的可能，加之长期处于干燥荒漠地区，而近年来，尼雅遗址所在地区降水量有明显增加趋势，雨水进入裂隙使塔体负荷增加，产生新的内部应力，同时雨水也使塔的构成材料丧失部分结构能力，在这种条件下，佛塔随时都处于濒危状态。

在目前的态势下，仅靠几个人的人防(管理站的定期巡查)措施，而不对佛塔本身采取相对有效的并且可逆的加固措施，就很难达到对尼雅遗址佛塔的有效保护。长期以往，后果不堪设想。

五、佛塔的保护加固方案

鉴于尼雅遗址佛塔的地理环境和上述问题，结合多年保护工作的实际情况，严格遵循《中国文物古迹保护准则》的有关规定，并参考类似情况的遗址保护方法，我们从实际需要出发，对尼雅遗址佛塔进行保护加固，同时设立游人警示牌。

（一）保护加固方案

（1）对佛塔南面和西面有坍塌形成的堆土层进行考古清理。

（2）对佛塔四面由于风蚀和盗掘形成的悬空部位用胶土和红柳枝进行夯补。

（3）在塔基外1.8米范围内用木桩、红柳枝和胶土固沙提高地面约0.8米，增加佛塔的稳定性（图一）。由于佛塔周围是流沙地貌，变动频繁，此举并未改变佛塔的周围环境，而稳定意义明显，且不影响佛塔的景观效果。

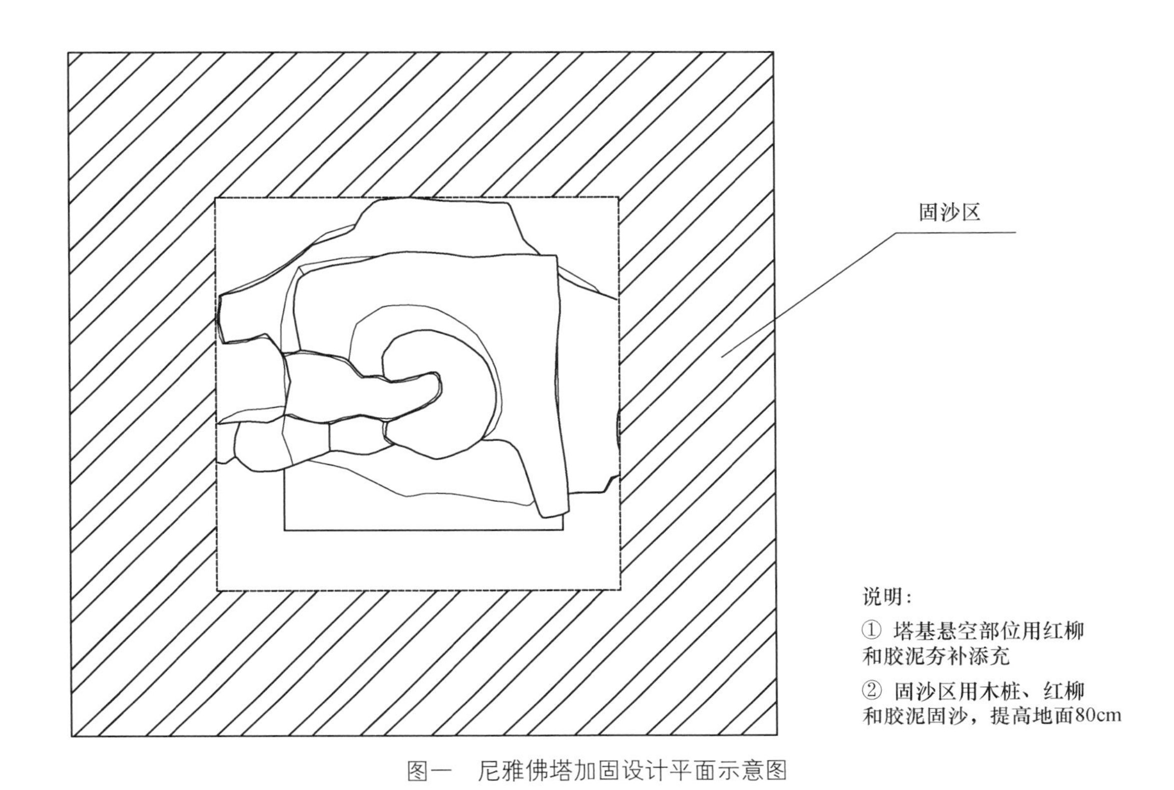

图一　尼雅佛塔加固设计平面示意图

（4）对塔身上的裂隙，将其中的沙子清理干净后，用掺有麻刀的胶泥浆进行灌缝处理。这样使已裂隙的塔身粘结，增加佛塔的整体性，有效提高佛塔的保存时间（图二）。

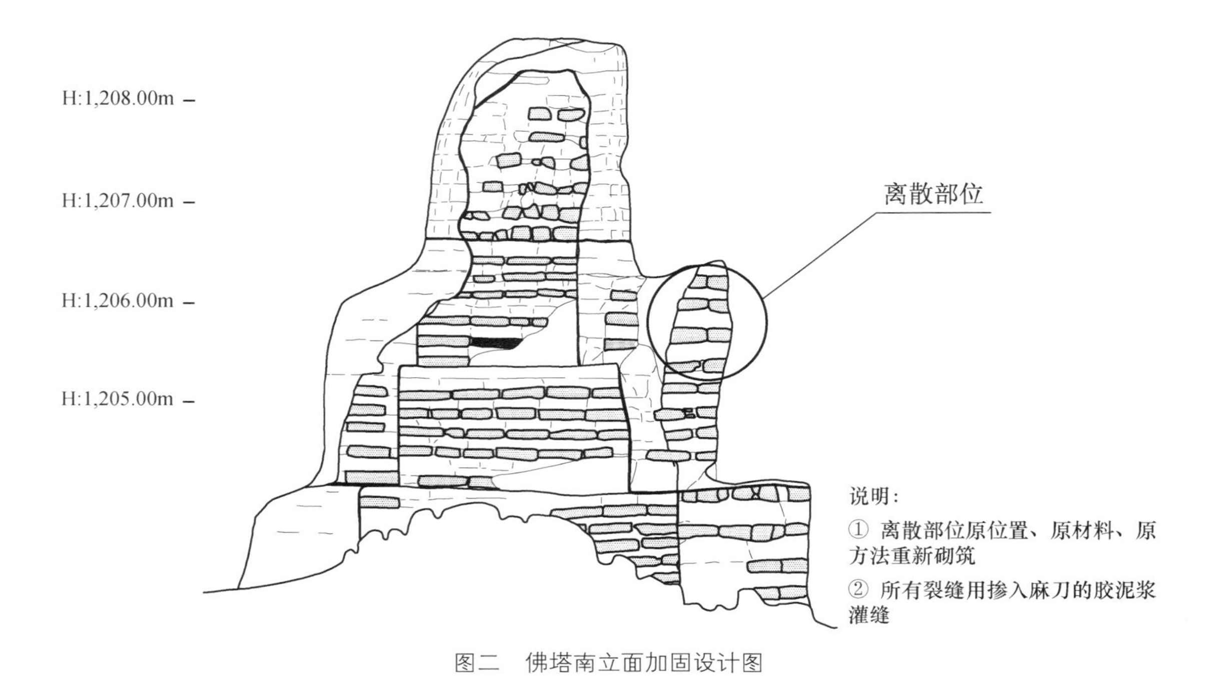

图二　佛塔南立面加固设计图

（5）对塔身二阶已经离散而没有坍落的部位，将土坯取下编号，然后用原来的砌筑方法，将每块土坯砌入原来的位置。离散而没有坍落的部位，经实地考察，粘结已完全脱离，土坯保存完好，稍有外界因素，坍塌是早晚的事。原位原样原料重新砌筑，无损佛塔的原貌，且使佛塔更加完整。

（二）设立游人警示牌

拟在尼雅遗址佛塔附近无碍佛塔景观的地方，采用斜碑样式，树立两块游人警示牌（图三）。用中、英、日、维四种语言告诉游人不要攀爬、刻画和盗掘，并对佛塔的情况作一个简要的介绍。

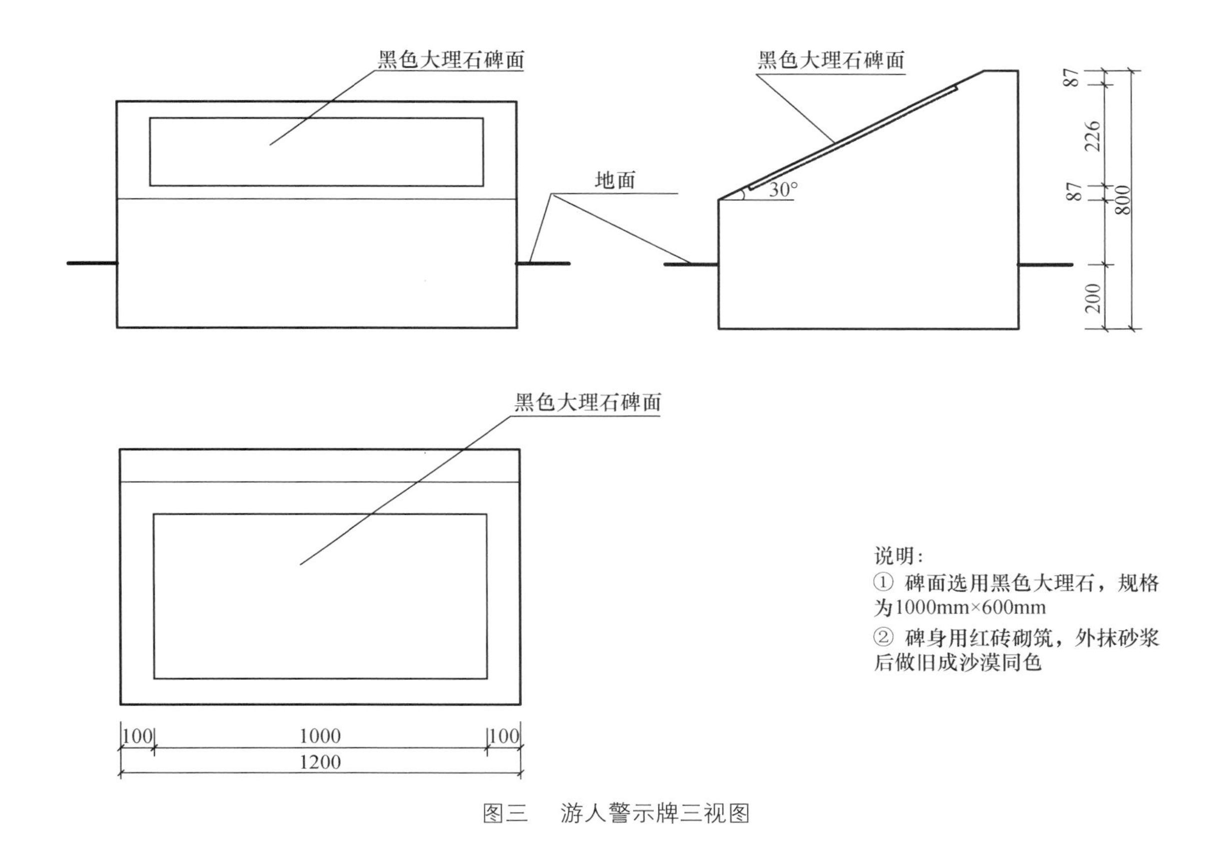

图三　游人警示牌三视图

六、佛塔保护加固项目的可行性

（1）对坍塌形成的堆土层进行考古清理，有利于彻底搞清楚尼雅佛塔的建造工艺。

（2）对佛塔四面悬空部位用胶土和红柳枝进行夯补填充，有效提高了佛塔的整体稳定性，是增加塔的保存时间的有效手段。

（3）在塔基外固沙提高地面，既防止了风对塔基的风蚀，又稳固了塔基，且不改变塔的原始风貌。

（4）对塔身上的裂隙用掺有麻刀的胶泥浆进行灌缝处理，使裂隙的塔身粘结，有效的抵制了自然界风和雨的破坏，是佛塔加固的关键。

（5）对塔身二阶已经离散而没有坍落的部位原位原样原料重新砌筑，无损佛塔的原貌，且使佛塔更加完整。

（6）加固方法完全符合《中国文物古迹保护准则》的有关规定，具有可逆性，有利于今后用更好的方法再加固。

（7）设立游人警示牌，用中、英、日、维四种语言告诉游人不要攀爬、刻画和盗掘，并对佛塔的情况作一个简要的介绍，从而减少游人的好奇，应该对人为的一些破坏有一定的控制作用。

（8）该项目见效快，一次投资，长期有效。

七、项目建设条件和组织安排

尼雅遗址佛塔位于空旷的荒漠地带，而且已划定了保护范围，办理了土地使用证，建设该项目不存在土地纠纷的问题。从民丰县城到卡巴阿斯卡村(大玛扎)有乡村公路直通，可行驶拉运施工建筑材料的车辆。从卡巴阿斯卡村到尼雅遗址佛塔30千米虽然都是沙漠，但沙漠车和骆驼都可通行，施工所需材料当地均可解决，而且所用数量便于沙漠车和骆驼运输，完全能满足施工要求。

一年中，隆冬至初春(12月至翌年2月)，风季和酷暑(4月至9月)不宜施工，10月和11月可以施工。根据工程量，并参考类似情况的遗址保护加固，预计具体施工2个月可以完成。

本项目由新疆文物局负责领导实施，和田地区文物管所负责具体组织施工。

八、项目效益评估

尼雅遗址佛塔的保护加固项目，是针对目前佛塔保护状况和存在问题采取的一项重要措施。项目完成后，将极大地改善了全国重点文物保护单位尼雅遗址的标志性建筑佛塔的保存和管理环境与条件，避免遭到进一步的破坏，使佛塔得到有效的保护，能更好地进行科学研究和社会教育。文物保护事业是项综合性很强的具有巨大社会效益，同时又兼顾经济效益的社会公益事业。文物保护事业的发展，不仅有效地保护了文物，促进我国社会的精神文明建设，而且对国民经济和社会事业的发展，即我国社会的物质文明建设具有较强的先导作用。对于改善投资环境，发展旅游业，扩大对外经济贸易和科技、文化交流，促进产业结构调整，缓解就业压力，带动当地致富奔小康，具有十分重要的积极作用。

总之，该项目有着较大的社会效益，不仅有效保护了文物，而且也积极促进了两个文明建设，是非常可行而且必要的。

研究篇

和田地区佛塔抢险加固工程技术总结报告

一、和田地区佛塔抢险加固保护项目概况

和田地区佛塔抢险加固项目是国家文物局批准立项的一项重要的文物保护项目。作为丝绸之路新疆段重点文物保护项目，它又是针对和田地区开展的一项抢救性保护维修、研究计划。佛塔抢险加固保护项目主要涉及三个全国重点文物保护单位，即尼雅遗址、热瓦克佛寺遗址和安迪尔古城遗址中的标志性建筑物佛塔。它们均位于塔克拉玛干沙漠。根据抢救保护计划，本次工作主要包括佛塔抢险加固、野外调查和资料收集等内容。其中，对三处文物保护单位中的佛塔抢险加固，是本次工作的中心。

本次抢救保护工作由新疆重点文物保护项目领导小组直接领导，新疆重点文物保护项目领导小组执行办公室和新疆文物古迹保护中心是本次工作的实施机构，下设维修工程组、考古监护组、资料调查组、后勤保障组等职能小组。其中成员来自新疆重点文物保护项目领导小组执行办公室、新疆文物古迹保护中心、新疆文物考古研究所以及和田地区文物局等相关单位，和田地区民丰县建筑公司承担了主要施工任务。

二、维修保护工程的主要过程及成果

和田地区佛塔的抢险加固工程自2004年正式实施，于2007年11月全部工程项目竣工。由于施工地点均处于沙漠深处，自然条件恶劣，工作开展困难，工作主要分两个阶段完成。2007年以前主要完成项目的全面勘察和保护设计方案的编制，2007

年10月23日至11月24日，是具体施工时间。第一阶段的勘察设计工作是在2004年新疆文物局上报的尼雅佛塔保护加固方案基础上，以国家文物局对方案的批复中的原则进行的。勘察、测绘的重点放在佛塔的险情、现状上，同时对佛塔及其周边的遗址点展开踏查，以期对遗址全貌了解，为将来更大规模的维修保护奠定基础。本次测绘的资料，充分利用了前人已有的工作成果，因条件所限，主要是在现场反复核实，发现误差，则立即实测予以修正。主要测绘勘察方法和过程简述如下：①尼雅遗址：勘察佛塔的病害分布，分析产生病害原因，评估病害发展趋势。以佛塔为中心，对东西南北四面分布的重要遗址开展调查，记录现状，拍摄照片。②安迪尔古城遗址：勘察佛塔的病害分布，分析产生病害原因，评估病害的发展趋势。以佛塔为基点，对遗址区内分布的其他重要遗址点开展调查，记录现状，拍摄照片，测量数据。③热瓦克佛寺遗址：勘察佛塔及佛寺院墙的病害分布，分析产生病害原因，评估病害发展趋势。在整理分析各类勘察资料的基础上，提出了正式加固保护设计方案。主要成果有《尼雅佛塔加固保护设计方案》、《安迪尔古城东部遗址考察报告》等。考虑到在和田地区的沙漠中自然环境恶劣，工作条件艰苦，在制订方案时就力求采用的施工工艺要简单有效，尽量多用传统做法，所用材料或便于运输，或易于就地获得。施工队伍不顾风沙和严寒的天气，克服了用水困难、运输困难等主要障碍，根据批准的设计方案对各个工程项目逐一实施，施工效果基本达到了设计要求。自2007年10月23日开工至11月24日完工，共抢险加固佛塔三处。

三、各加固项目遵循的原则及主要技术措施

（一）尼雅佛塔的抢险加固

尼雅遗址的废弃距今已有1700年的历史了，由于荒废日久，位于遗址中心位置的佛塔破损严重。佛塔目前受到的自然方面的破坏主要来自两方面原因：一是沙漠中的风沙对土质的佛塔冲刷，尤其是对下部塔基的掏蚀破坏；二是大气降水对佛塔

的冲蚀和浸泡。佛塔地处塔克拉玛干沙漠深处，四周皆有沙丘环绕。佛塔自身的建筑材料主要是土坯和胶泥，抵御风沙冲刷的能力较弱，而佛塔地处干旱地区，虽有降水，但一般水量较小，因此，相比较而言，防风蚀是目前保护佛塔的关键内容。限于当前的技术和经济条件，全面综合对佛塔进行防风蚀处理存在很大困难，比较可行的做法是对已发生致命性破坏或已有破坏趋势的建筑部位进行加固，防止破坏继续发展，为将来进一步的全面维修奠定良好的基础。针对上述情况，我们将尼雅佛塔加固的主要工作内容确定为地基的整体加固、盗洞的填封和塔身水平面上部分明显凹坑的抹平等。

根据“不改变文物原状，保持文物现状”的文物维修保护原则，同时参考了《中国文物古迹保护准则》中的相关内容，我们制定了“保护佛塔现有面貌，尽力减少加固措施对佛塔景观产生的负面影响和对坍塌堆积的破坏，实施可逆性工程”的维修加固原则。为此，采取的主要技术措施有：①对下方塔基已半悬空的部位，用天然胶泥块予以填实；在方形塔基的四周平铺荒漠植物红柳枝，并以纵向和横向的几列短小的木桩固定，后在红柳层上再均匀放置较大的胶泥块。然后在胶泥块上再铺红柳枝，红柳枝上再放胶泥块。经多层铺设，最后用沙土掩埋加固部位。加固所用的胶泥块，是由干河床内采集而来，颜色和质地都与佛塔所用土坯几乎一致。再经沙土掩盖，整体质感与周围的沙丘非常谐调。②对佛塔西侧的盗洞，先以木棍、木板支护顶部，再以红柳枝加上胶泥块，全部予以封填。③对塔身水平面上几处易于积水的凹坑，用碎草加土和泥，予以抹平。施工时间选在正午气温最高时，由于水分蒸发快，最大限度防止了塔身表面吸水可能造成的破坏。④在遗址区外设立醒目的警示牌，提醒游人爱护佛塔。

（二）安迪尔佛塔的抢险加固

安迪尔古城是古代“丝绸之路”南道上的重镇之一。它包括古城、戍堡、居址、作坊和佛塔等多处遗址点。尤其是其中的一座佛塔，雄伟高大，耸立在茫茫荒原上，凭肉眼在很远的地方就可看到，可称得上是安迪尔古城的标志性建筑，名扬中外。但是，由于整个遗址废弃已达千年之久，这座佛塔的各个部位均不同程度地有所残损。佛塔受到的自然方面的破坏主要来自沙漠中的风沙对塔身及其地基的冲刷。佛塔地处沙漠深处，主要用土坯和胶泥建筑而成。佛塔四周地势空旷，没有任何屏障，塔身直接承受风力。佛塔下方的地基是一块雅丹台地，极易受到风蚀。由于天长日久，地基的西侧和西南侧已大量残失，凹坑最深处达3.5米，严重威胁佛塔的安全。尽管佛塔上还存在有裂隙、豁口等其他病害，但综合考虑后，本着“先救命，后治病”的精神，我们将安迪尔佛塔加固的主要工作内容确定为地基的重点加固、盗洞的填封等。

根据“修旧如旧，不改变文物原状”的维修保护基本原则，我们对佛塔制定了“现状保护，减少干预，坚持工程的可逆性”的工作方针。为了真正贯彻这一方针，我们主要采取的技术措施有：①在佛塔地基周围三个的风蚀凹坑底部，先平铺一层荒漠植物红柳枝、芦苇，再在上面均匀码放大胶泥块，然后上面再放红柳枝、芦苇，再放胶泥块。连续码放多层，直到较小的两个凹坑被填平，最大的凹坑在靠近佛塔地基部位被基本填实，胶泥块层直到佛塔的基础，整个加固部位与佛塔地基成为一体后，再用沙土掩埋加固部位，使得其外观质感与周围沙丘基本一致。②佛塔的东北侧的大盗洞，已直达佛塔内部中心，又正对着迎风面，所以先在其内部放置芦苇、红柳枝后，再用较大块的胶泥予以填实，不留空隙。③在遗址区外设立醒目的警示牌，提请游人爱护佛塔。

（三）热瓦克佛塔的加固

热瓦克佛寺是和田地区一处重要的佛教文化遗址，它建筑别致，是以佛塔为中心，四周再修筑围墙而形成的一个平面为方形的塔院。我们在勘察时发现，该佛寺虽然处于沙漠地区，但处于佛寺中心位置的佛塔，除了上部的覆钵有所残损，塔身上另有三个人为开挖的盗洞外。其他部位，尤其是塔基大部分都保存较好。塔院围墙的内外侧还保存有不少的泥塑佛像。经过查阅相关资料，对比现状分析后，我们认为，佛塔周围完全闭合的围墙像一道屏障，客观上具有防风固沙功能，在很大程度上减弱了荒漠中风沙对佛塔的风蚀作用。因此，本着“现状保护，减少干预”的原则，采取了加固四周围墙，填充塔身盗洞的治理方案。主要的施工措施有：①在围墙的内外两侧的靠近墙根的部位，先平铺一层红柳枝、芦苇和骆驼刺等荒漠植物，其上再均匀码放大胶泥压实。然后再以同样的做法平铺红柳枝、芦苇和骆驼刺，码放胶泥块。如此经数次铺设后，在围墙内外两侧形成两层加固带，此举在保护佛塔的同时，也在很大程度上保护了围墙上的泥塑。红柳枝、芦苇有固沙作用，骆驼刺可防止啮齿类动物打洞对加固层的破坏。对围墙上出现的几处小豁口，也全部以胶泥块堵实，以确保围墙的整体闭合性。②对佛塔上人为造成的几次盗洞，也用红柳枝、芦苇加上胶泥块全部填实，不留空隙。

四、工程施工管理

和田地区佛塔抢险加固设计的维修工程均采取了工程队施工、新疆文物古迹保护中心现场监督指导的管理方式。鉴于这次维修工程全部是在沙漠地区实施，我们专门制订了周密的工作计划。为确保工作能够遵循计划按部就班地进行，在我方工作人员内部又作了细致的分工，专门设施工队队长1名、副队长2名、考古监护员1名、安全员1名。除一般工作人员外，根据不同的岗位，制定了相应的岗位责任，保障了维修工程在规范、安全的状态下稳步推进。我们还印制了针对此次佛塔加固工程的《工作手册》，配发给我方的每位工作人员。《工作手册》内容包括前言、组织安排、政治学习、施工方案、进度计划、安全保障和文明施工等主要方面，使参与工作人员对本次工作任务有了全面细致深入地了解。具体施工的工程队，是我方委托比较了解当地情况的和田地区文物局代为选择的。施工人员全部来自民丰县建筑公司，均为当地的维吾尔族。他们对工程中所使用的建筑材料非常熟悉，对传统工艺技术也比较在行。

每个项目开工前，新疆文物古迹保护中心都与工程队签订施工合同，用正式文件明确双方的责任和权利。在具体施工过程中，新疆文物古迹保护中心负责技术指导、质量监督和阶段性验收工作。各个项目进行的一般程序是：新疆文物古迹保护中心技术负责人根据保护设计方案向工程队交代工作任务，签订施工合同。施工方提出具体实施作法、质量保障措施，由新疆文物古迹保护中心审核；工程队施工，新疆文物古迹保护中心的技术负责人全程在场，随时检查、指导；阶段工程完成后，施工人员先自检、修正，然后再由新疆文物古迹保护中心验收合格后，再进行下一步工序。凡是施工中遇到特殊情况，出现新问题时，均由新疆文物古迹保护中心技术负责人与施工人员现场研究确定解决方案。由于工作计划制订周密，准备工作充分到位。管理措施得当有效，从而确保了施工过程的规范化、科学化。

五、经验与收获

由于自然条件恶劣，地理位置偏远，交通状况不便等因素的限制，和田地区的文物维修保护工作以前进行得较少，缺乏可资借鉴的经验和必要的基础，因此这次在和田地区开展的佛塔抢险加固工作存在前所未遇的一些困难。新疆重点文物领导小组执行办公室在上级领导部门的正确指挥和布置下，通过设计人员和施工技术人员的共同努力，克服了多重困难，较好地完成了各项工程任务，基本实现了设计方案所要求的目标，达到了预期的效果。在本次抢险加固的保护工作中，我们取得了一些宝贵经验，很有必要进行探索总结。此举不仅是本次维修保护工作不可缺少的重要步骤，而且更重要的是对将来在沙漠地区从事古遗址保护提供可资参考的经验。以下概括几点，以供探讨：

（1）古建维修与历史、考古研究紧密结合，为科学地维修保护奠定了必要的基础。迄今为止，本次在和田地区所进行的佛塔加固保护工作是第一次在新疆沙漠地区开展较大规模的文物维修。为了严格遵循“不改变文物原状”的原则，全面真实地保留文物所包含的历史、文化信息，在设计和施工前，我们尽力收集了与遗址点有关的历史文献资料，尤其是近100年来的各类考古、考察资料，包括文献、图片等；在与新疆其他地区的同类遗址对比后，努力探讨其演变过程，弄清这些古建筑的历史原貌，为后来的维修工作提供了翔实可靠的直接依据，取得了很好的成效，也为将来类似的工程项目树立了典范。在现场施工前，又仔细核实比对。同时，以全面了解遗址概况，综合搜集多种文物信息为目的的现场考察活动，采集的部分文物及获取的其他文字、图片等重要资料，为和田地区的文物研究工作提供了新的重要内容。正由于两者配合得较好，使得本次维修保护工作又衍生出一些科研成果，促进了文物抢救保护与学术研究过程的有机统一。

（2）充分考虑工程现场的施工条件，工程设计方案既要有科学性，也要有可行性。在和田的尼雅、安迪尔和热瓦克三处遗址所进行的佛塔维修加固项目，都是在施工条件十分艰苦、远离现代居民点的沙漠深处。这就决定了所实施的方案必须是工期不长，简单易行，便于就地取材，只有这样才能保障施工质量和实施效果。在制订方案时，我们充分考虑了这一点。抢险加固中的加固流沙的措施都是千百年来在当地行之有效的传统办法，所用的胶泥块和红柳都是沙漠中常见的材料，工人很容易掌握。从三处遗址中佛塔的维修抢险工程完成后的效果看，总体是比较理想的，既加固保护了遗址，又切实保持了遗址的原有面貌。

在工程预算的编制方面，由于是在沙漠中施工，工程单位造价不能照搬现成定额，只能根据现场实际，逐项分析制定。另外，人员的日常生活费用，则主要参考了近15年来新疆文博界在沙漠中开展考古工作的有关标准制定执行的。

（3）对同一类型的文物保护单位，根据病害的成因和危害程度不同，采取相应的维修保护措施，体现了“尊重科学，讲求实效”的精神，取得了较好的维修效果。尼雅佛塔体积相对不大，除了对其地基要加固外，还要填实基础被风力掏蚀部位，才能确保佛塔的安全；安迪尔佛塔高大雄伟，但四周没有任何屏障以阻挡风力，其最致命的病害在于风蚀作用造成地基残失，因此，重点加固地基成为维修佛塔的关键；热瓦克佛寺是以佛塔为中心修建的塔院，佛塔四周有院墙围绕，在很大程度上减弱了风力对佛塔的冲刷，再加之佛塔自身体积也较大，所以，不直接在佛塔附近实施加固工程，转而对四周围墙加固，殊途同归，同样起到了保护佛塔的作用。三座佛塔残破状况不一，周围的自然环境也有差异，修复的侧重点也不一致。这样有针对性地区别对待，本身就是保证重点、科学保护的实际需要。

（4）在沙漠土质建筑遗址的保护方面，取得了一些经验。新疆的沙漠中至今残存有不少用土坯和胶泥为材料建造的古遗址。这类遗址遭受的主要破坏均与风沙侵蚀有直接的关系，因此防风固沙是保护古建筑和遗址的关键。但是，无论用何种材料，采用何种工艺技术维修加固古建筑，都要重点解决风沙直接和间接的破坏，即使加固措施本身也要考虑风沙的侵蚀危害，提早做好防范。我们在对尼雅遗址考察时，在大多数建筑物附近，都见到用红柳、杂草和以胶泥扎成的篱笆。这种篱笆除了有隔断空间的作用外，另外一个重要作用就是固定流沙。这种做法已历经了千百年的检验，实践证明效果良好，所以至今仍在新疆沙漠边缘的一些乡村中使用。本次在和田地区抢险加固佛塔的技术措施，用红柳、胶泥块做成保护层固定流沙，进而加固了佛塔地基，其中的技术思路实质上也从中受到了一定的启发。

（本文执笔：梁　涛）

安迪尔古城东部遗址考察报告

安迪尔古城遗址位于新疆维吾尔自治区和田地区民丰县安迪尔牧场境内，主要包括多处古城、戍堡、墓葬、佛塔、居室以及冶炼遗址等。发源于昆仑山的安迪尔河大致由南向北流经安迪尔牧场，灌溉着这片绿洲。上述的各个遗址就分布在安迪尔河的东西两侧，其中在安迪尔河西侧的是阿其克考其克热克古城，其余大部分遗址主要分布在安迪尔河东侧，包括佛塔、古城、戍堡、墓地、冶炼作坊和房屋等。2007年11月7日至16日，新疆重点文物保护项目领导小组执行办公室及和田地区文物局一行数十人奔赴安迪尔，对位于东部遗址群中的一座大佛塔实施加固维修。在紧张施工的过程中，我们利用间隙，现场踏察了安迪尔古城东部的主要遗址点，对各点作了文字记录、摄影、测量等工作，取得了一批重要资料。

一、前人的考察发掘活动

1900年，瑞典人斯文赫定第四次在中亚探险时，曾到达安迪尔活动。

1901年2月21日至25日，英籍匈牙利人A. 斯坦因到达安迪尔古城。他雇佣民工挖掘了道孜勒克古城，发现了婆罗谜文书、汉文文书、泥塑、壁画、木板画、丝织物、玻璃残件等重要文物。25日，他还专门考察测绘了大佛塔。

1904年，美国地理学家亨廷顿考察了安迪尔古城遗址，发现了所谓南方古城。

1906年11月8日至12日，A. 斯坦因来到安迪尔古城遗址，他再次挖掘了道孜勒克古城及其附近遗址、廷姆古城和南方古城等地，发现了五铢钱、铜器、佉卢文木简等重要文物。

1911年12月，日本“大谷探险队”的队员橘瑞超曾来过安迪尔遗址活动。

1982～2001年，原和田地区文物保护管理所多次对安迪尔古城考察，采集了包括木简在内的一批文物。

1989年11月2日，以新疆文物考古研究所原所长王炳华教授为组长，包括刘文锁、肖小勇和于英俊为组员的塔克拉玛干综考队考古组一行四人到达安迪尔东部遗址考察。他们主要考察了夏羊塔格古城（廷姆古城），大佛塔和道孜勒克城堡，采集了陶片、铁制品、铜制品、玻璃片、钱币、织物、木制品等文物。

1990～1991年全疆文物普查期间，由新疆文物考古研究所、和田地区文管所、焉耆县文管所的专业人员组成的文物普查工作队曾来此调查。

1993年，原和田地区文物保护管理所对安迪尔古城东部遗址中的大佛塔进行了临时加固。

二、主要遗址点概况

（一）1号佛塔

地理坐标为东经83°49′11.4″，北纬37°47′33.8″。本次维修加固工作就是针对这座佛塔开展的。对其余各遗址点的考察，均以此佛塔为基本参照点，由近而远展开。由于遗址内还发现其他多个佛塔，为便于叙述，将这座佛塔编号为1号。

1号佛塔周围，多为沙丘和雅丹地貌。佛塔就建筑在一处雅丹台地上（图一）。其北侧、东侧堆积有流沙，南侧、西侧、西北侧由于风蚀作用，大幅度向下凹陷。西南侧的凹坑，最低处距佛塔底部垂直距离约4.5米。在东南侧地面上有一不规则坑，深约0.6米。在东北侧也有一不规则坑，深约0.4米。

佛塔的建筑形制是方形塔基的覆钵式塔。塔基共有三层，由下向上逐渐内收。底部第一层边长8.24米，直接建筑在雅丹台地上。目前暴露于地表的仅存东北面的一块，其余部分仅能在佛塔下部的直立面上见到。由于地基大面积向内坍

图一 1号佛塔

塌，可见这一层厚约0.5米，全部用胶泥筑成；第二层，内收约0.6米，分别以两层土坯和两层胶泥间隔垒砌而成。先以土坯在第一层地基上平铺一层，再在土坯上砌上一层胶泥。然后在胶泥层上再砌一层土坯，土坯上再加一层胶泥建筑而成。本层高约1.8米；第三层，向内收约0.6米，全部用胶泥堆砌而成，高约0.5米。覆钵部分内收约0.5米，全部以土坯拌以胶泥，垒砌而成，高约4.3米，呈圆柱形。佛塔塔基部分边沿残失严重，四角均已不存。佛塔的东北面，现存一盗洞，一直向内抵达塔的中心部位。盗洞深约2米，高约1.6米，宽约1.4米。佛塔的中心部位，由覆钵顶部向下，现存一个约0.3米见方的柱槽。据斯坦因记录，其中原插有一根木柱，沿着佛塔中心向下达7英尺深。目前，东北面的盗洞已与这段柱槽联通。在覆钵的东南面的上半部分，另存一个盗洞，也与柱槽联通。盗洞高约1.2米，宽约0.5米。在东北面盗洞内，可见佛塔内部的构筑情况，主要用土坯垒砌。在土坯的上下左右各面，均抹以胶泥，相互粘连。土坯尺寸大致为50厘米 × 30厘米 × 10厘米。

（二）2号佛塔

东北距1号佛塔约25米。此佛塔周围被沙丘环绕，处在一凹地中（图二）。佛塔建在一块雅丹台地上，损毁严重。塔体南部大部分塌毁，其他部分风蚀严重。现残存一层塔基，形状不明，高约1.4米，夯土建筑。塔基上的覆钵也大部分损毁，现残高1.3米。在覆钵东侧的胶土中可见露出的一段草绳，长约0.15米。

（三）廷姆古城

廷姆古城又称夏羊塔克古城，西距1号佛塔约300米，地理坐标东经83° 49′ 25.39″，北纬37° 47′ 37.69″。古城四周被沙包和雅丹地貌所围绕（图三）。斯坦因称之为“大型围寨”。古城由主城和子城构成。主城平面大致呈方形，围墙虽经风蚀，破损严重，但是仍能发现四面的墙垣遗迹（图四）。北墙，大部分塌毁，主要残存东端的一段，长约25.3米，最高处约7.1米，厚约4米。另外，在西端可见一段6米长的残垣，高约0.2米。其余部分，仅能在地表上看到大致轮廓和走向。在北墙西端，还可见到城墙的基础，宽约10米，土质较硬。城墙的建筑主要以

图二　2号佛塔

图三 廷姆古城

图四 廷姆古城残墙

胶泥为原料，由下向上，分层夯筑。在墙体中部以上部位，可见有规律地码放有天然的土坯块，东西向贯通整个墙体，现存约有十余层。每层土坯之间再用胶泥分隔。北墙全长约110米。西墙，由北向南，尚残存间断的三段，分别位于北端、中部和南端。北端墙体上部被一个红柳沙包覆盖，南端墙体上部也被流沙覆盖。从墙体的外直立面看，西墙的建筑方法与北墙大致相同，也是以胶泥和土坯垒砌而成。在西墙的中部的残墙处，可以清楚看到修复墙体的痕迹，主要以土坯为材料垒砌，以加厚墙体。墙体最厚处达6.6米。西墙全长约110米。东墙，残损严重，仅在北端残存一个低矮的小土墩，在中段残存一个较大的土墩。在东南角残存一段墙体，残高约6米。可见有修补痕迹，系用夯土、土坯多次建筑而成，全长127.3米。南墙，西端大部分损毁，仅在东端保存一段残墙。墙体长约27米，厚约5.2米，最高约2.7米。建筑方法同北墙，全长约124.3米。围墙内的地坪上散布着沙包。在西北角有一个高约8米的红柳沙包。沙包周围散布着大量陶片，有红色、灰色多种。在距南墙约2.2米的地坪处，可见一条东西向的低矮墙垣。东南角上还可见有低矮的房屋墙基遗迹。这一带也散布有不少陶片，还可见有木棍、兽骨等。

子城是主城的一处附属建筑，位于主城南墙外的东端。在距南墙约20米的雅丹台地上，残存有几堵南北向的土墙。由于风蚀作用，墙体破损严重。东墙残长39.8米，最高处约7.7米。墙体是用土坯和胶泥垒砌而成。西墙与东墙相距约30米，残长约8.6米，最高约3米，建筑方法同东墙。西墙的南端可见一小土丘，土丘上的墙体以红色胶泥和土坯很规整地建筑而成，似乎是一个小佛塔的遗存。

（四）3号佛塔

西北距1号佛塔约600米。佛塔四周被沙包环绕，位于一处凹地中的一处雅丹台地上（图五）。台地高约6米，边缘风蚀损毁严重。佛塔残高约4.5米，塔身呈圆柱体，直径约4米。塔体表面平滑，似有抹泥。塔基以上约2.2米处，塔身向外扩出约0.25米。塔身南侧已大部分塌毁，下部由于风蚀向内部凹进。塔体北侧、东侧也破损严重。

图五 3号佛塔

（五）戍堡

西北距1号佛塔1.46千米，地理坐标东经83° 49′ 50.2″，北纬37° 46′ 58.2″。戍堡四周被沙包环绕，建筑在一块雅丹上。遗址范围，东西长约50米，南北宽约25米。主要建筑遗存位于南侧中部，这是一个上下两层构筑的房屋，斯坦因称之为“塔楼般的小土丘”。楼阁式的建筑，平面大致呈方形，外周边长约7.5米（图六）。四周的围墙残存，北墙保存较好（图七），其余三面墙体仅存下半段（图八～图一〇）。北墙现高约8.5米。墙体横截面是上窄下宽，宽为0.8～1.4米。墙体的构造，地表以上至5.5米高的位置是下层，系夯筑而成。上层在北墙上可见，是用土坯和胶泥材料，上下间隔，垒砌而成。下层除顶部塌毁外，其余各壁尚存，围成了一个封闭的方形小屋。各堵墙上部的水平面上可见由上方倒塌下来的残破墙体。墙体中夹杂有苇草、红柳枝。小屋内地坪堆积着浮土泥块，在西北角壁面上，可见有凹槽，似乎是由上层进入下层梯道遗迹。戍堡的南墙又向东西两侧延伸出去，东侧仅能在地表上看见残存的遗迹，西侧则保存有约15米长的一段矮墙。戍堡的西侧，在地坪上还可见到房屋的遗迹，地表上散布有不少陶片，还见有木质建筑构件残

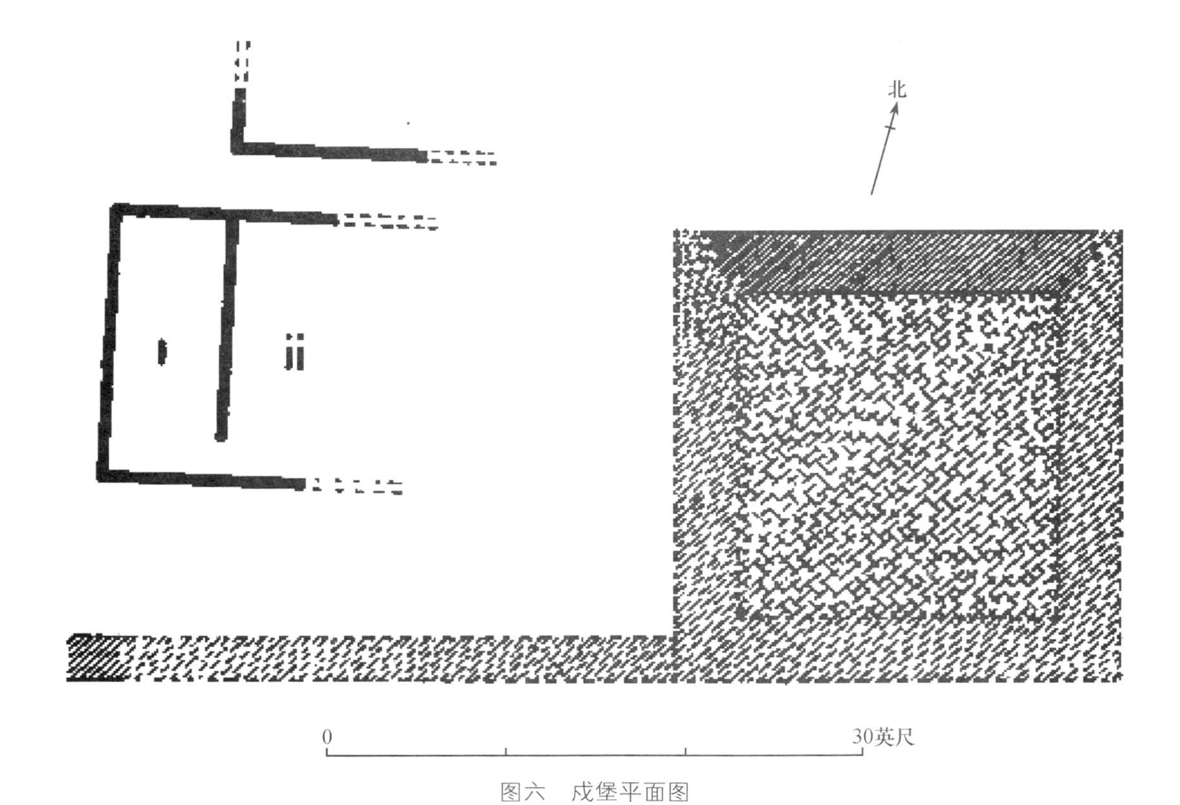

图六　戍堡平面图

（采自A.斯坦因*Ancient Khotan*）

图七　戍堡北侧残墙

图八　戍堡南侧残墙

图九　戍堡西侧残墙

图一〇 戍堡东侧残墙

块。戍堡的北侧，在地坪上也保存有墙垣遗迹，从结构看似为房屋遗存。戍堡东侧地表也保存有低矮的残墙遗存。据介绍，负责看护遗址的护理员曾在戍堡墙体的夹缝中发现过一些箭头。

（六）4号佛塔

西北距1号佛塔1.63千米，地理坐标东经83° 49′ 55.9″，北纬37° 46′ 54.8″。佛塔周围被沙包环绕，建于一个雅丹台地上。佛塔残损严重，残高约4米。塔基大致是方形，塔身因风蚀塌毁，仅存一堵南北向的残墙（图一一）。塔体北面、东面的下部被流沙掩埋，南面大部分塌毁。在塔身的东面和南面，可以看见多次垒砌的墙体。佛塔的建筑工艺，是以土坯和胶泥互相掺和垒砌而成。

（七）房屋遗址

地理坐标东经83° 49′ 58.1″，北纬37° 46′ 56.9。四周被流沙围绕。房屋平面

图一一 4号佛塔

大致呈长方形。墙体大部分塌毁，仅存四周低矮的墙垣，地表散落着许多红、黑色陶片以及木构件等。

（八）道孜勒克古城

西北距1号佛塔1.62千米，地理坐标东经83° 50′ 09.1″，北纬37° 47′ 05.3″。古城位于一个地势高敞的雅丹台地上，四周被流沙以及红柳沙包环绕（图一二）。斯坦因称之为“唐代城堡”（Tang fort）。古城的城墙毁损严重，现在还断断续续残存六段。城的北面有两段，东面有两段，南面城门两侧各有一段（图一三）。南面的城门通道尚存，东西两侧残墙屹立，最高处达7米，厚6.4米。通道两侧可见门楼遗迹，但大部分已塌毁（图一四）。通道宽5.4米，在大致中线的位置还保存一根立柱，似为原先城门的一部分。各段城墙长短不一，北侧的两段被流沙掩埋。其余几段，可见是用泥土夯筑而成，有些地方其中掺杂有土坯，墙体经多次修补，非常厚实。斯坦因发掘古城后，判断古城平面大致呈圆形（图一五）。我们测得古城的直径约为116米（内径）。古城内部，地表大部分堆积有流沙。在城内的中心位置，

图一二　道孜勒克古城远景

图一三　道孜勒克古城的残墙

图一四 道孜勒克古城南侧城门遗迹

可见有纵横相交的立柱构成的“回”字形结构（图一六）。外框的边长为8.7米，内框的边长为5.9米。立柱排列有序，安置非常规整。斯坦因发掘后，已确认这是一处佛寺。佛寺的平面呈方形，有内外两道墙。墙体采用“木骨泥墙”的做法。两墙之间，四周还有供绕行的回廊。佛寺的门开在东侧墙壁的中间。佛寺的内墙构成的空间里，在四个角落的覆莲基座上原存有四身泥质塑像。在佛寺的中央位置，有一个用土坯筑成的八角形的大台基。台基表面保存有塑像的莲花座，正对门的东北面还保存有壁画，是上下两排坐姿的佛或菩萨像。佛寺的沙土中曾出土梵文、藏文和汉文文书、纸画以及塑像身上的贴身饰物等重要文物。佛寺内墙上残存有用钝器刻画的汉文及藏文题记，其中一则可见“开元七年”的唐代纪年。在佛寺东南侧的沙土中，残存有大面积的房屋遗址（图一七、图一八）。房屋平面大致呈长方形，内部以隔墙分为多个房间，可以见到房间的门道。墙体以土坯平铺垒砌而成，土坯之间夹有胶泥，残墙最高处为3.2米，厚约0.45米。房屋东侧的沙土中，可见兽骨、牛羊粪便堆积。在佛寺的西侧和西南侧，也见到木柱立于流沙中，已知这些也是房屋遗址。佛寺的北侧、东北侧也见到多处立柱群。这些木柱长短不一，排列规整，

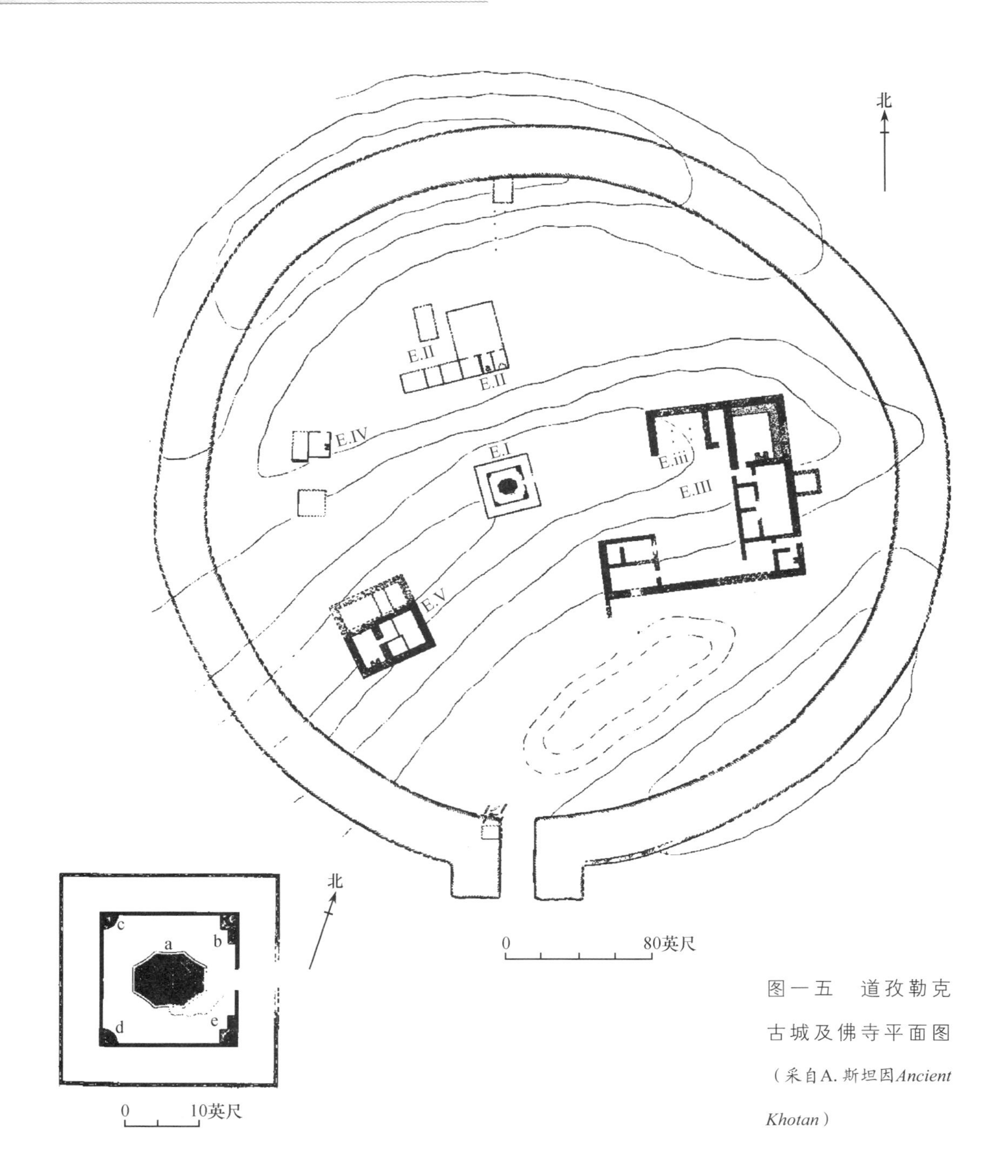

图一五　道孜勒克古城及佛寺平面图
（采自A. 斯坦因*Ancient Khotan*）

所围成的形状大多是长方形。一些木柱之间，还可见到用树枝和苇草扎成的篱笆矮墙。据斯坦因的记录，它们是仓库、僧房和禅房等。在城内北侧的沙土中好散落有不少木制建筑构件，其中一些做工精良。在城门外西侧约20米处的地面上，残存一个长方形的古代垃圾坑。坑长11.8米，宽8.9米。目前坑中填满了沙土。

图一六 道孜勒克古城中心的佛寺建筑立柱

图一七 道孜勒克古城内的建筑遗存

图一八 道孜勒克古城内的建筑遗存

（九）陶窑遗址

西北距1号佛塔1.9千米。陶窑位于一条大致东西向的古河道附近。在地面的流沙中，目前可见到两堆有火烧土和灰绿色炉壁混杂的堆积物，直径约为2米。

（十）南方古城

北距佛塔3.95千米。地理坐标东经83° 49′ 20.1″，北纬37° 45′ 26.3″，海拔1301米。1906年亨廷顿、斯坦因等曾在此做过调查，此后不见有中国学者涉足此地。古城被一丛高大的红柳沙包包围。此处红柳沙包非常醒目，比周围数千米范围内的其他任何红柳沙包都高大（图一九）。古城平面呈正方形（图二〇），边长约20米，墙高约5.2米，厚2.6米左右。城墙为黄土分段夯筑而成，土内夹杂有骨渣、木炭等物。南墙中部开门，在门外侧又用土坯修砌一道“L”形墙，与黄土夯筑的南墙一同构制成简易的“瓮城”，故古城有两重城门（图二一）。现城门处左侧木质门柱部分还残留在原地（图二二）。在城门附近的土坯垒砌的墙体上，还见有草

图一九　南方古城远景

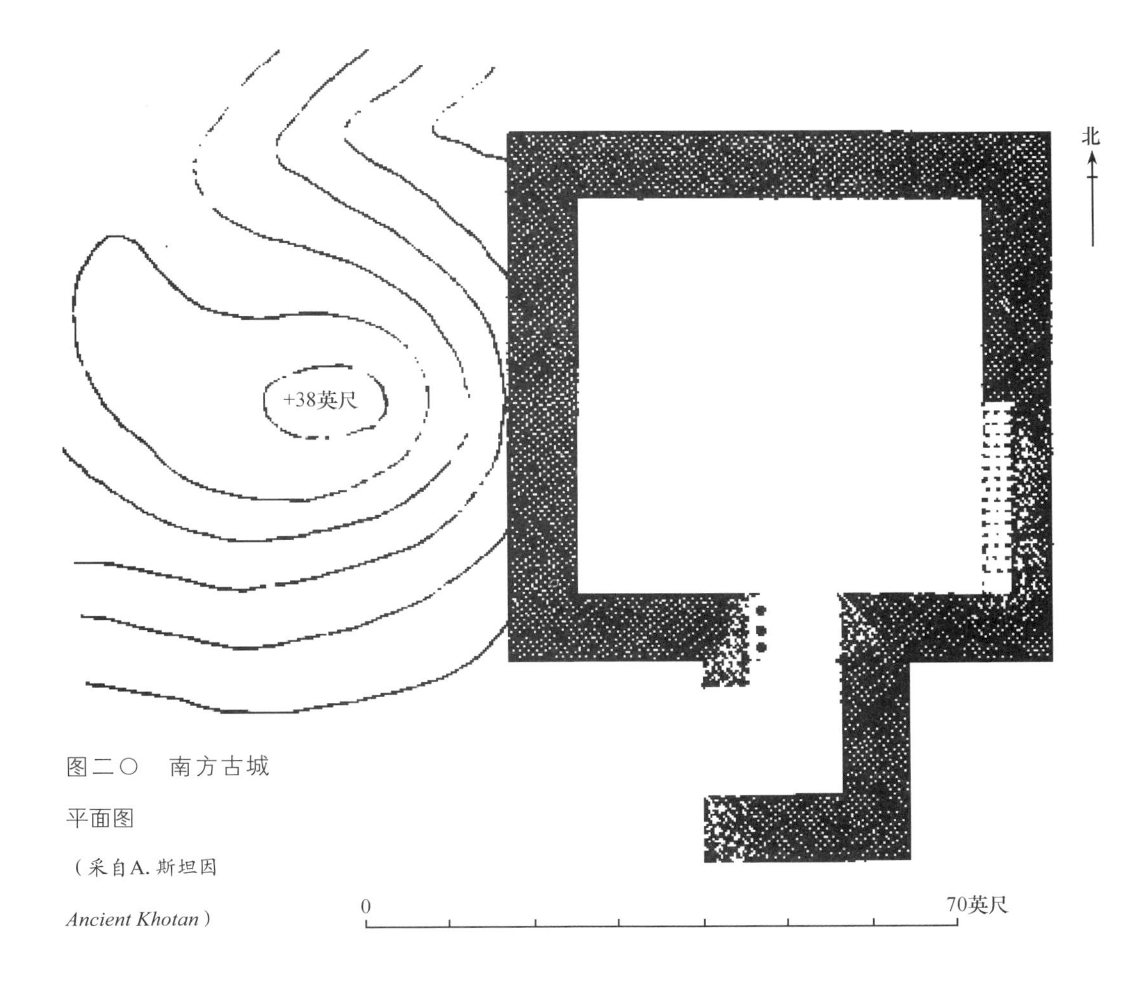

图二〇　南方古城平面图（采自A. 斯坦因 *Ancient Khotan*）

图二一　南方古城内景

图二二　南方古城城门门道

拌泥残迹。古城东墙、北墙顶部仍可见女墙，女墙残高约35厘米，厚20厘米。城内散落有木柱，东侧多被流沙淹埋，在东墙内侧可见有东西向土墙一道，为黄土夹天然胶泥块夯筑而成。

在古城门外南侧，见有房屋基址痕迹，房屋进深一间，面阔两间。旁见有木柱础，形状与尼雅遗址所见的相同。

古城内及周围地表见有夹砂红陶片、灰陶片、有轮制痕迹，还见有绿釉陶片、铜片、铁块、炼渣、残断圆形石磨盘、羊骨、桃核等。地表遗物与道孜勒克、夏羊塔克古城内地表所见遗物相同。

（十一）墓葬

在佛塔周围调查中，共发现3处墓地。1号墓地，地理坐标为东经83° 47′ 02.0″，北纬37° 47′ 46.9″，面积约500平方米。现已被盗掘，地表散落有人骨、棺板、木桩等，还见有夹砂红陶平底罐残片、毛毡残片等；2号墓地，地理坐标为东经83° 48′ 15.6″，北纬37° 48′ 10.3″，地表见有用一段原木掏挖的船形木棺，木桩、人骨、毛布、毛毡残片等；3号墓地，地理坐标为东经83° 49′ 37.0″，北纬37° 47′ 21.3″，地处佛塔与道孜勒克古城之间，面积较小，地表只见风蚀酥碎的人骨，不见其他遗物。

（十二）冶炼遗址

位于1号佛塔东部，面积约800平方米。处于一条干涸的古河道附近，地表散布着大量铁渣。

三、采集文物的概况

在安迪尔古城遗址调查中发现，古城遗址地表散落的陶器有夹砂红陶、夹砂灰陶、带绿釉陶片；陶器纹饰有联珠纹（有的在口沿外侧戳压一圈联珠纹）、波浪纹、弦纹、网格纹等；陶器见有錾耳、竖向桥形耳、横向桥形耳、圆形系耳等；

陶器多为平底，也见有矮圈足。在调查中还采集到其他一些遗物，质地有陶、石、铜、玻璃、珊瑚等。以下是采集文物的概况。

陶罐口沿　07MA：1，采集于夏羊塔克古城内。为敞口、尖唇、束颈、鼓腹，颈部带有一桥形耳，口径14.7厘米。陶罐口沿为夹砂红陶，表面见有轮制痕迹。内侧绘灰黑色陶衣，外侧绘土红色陶衣。

石器　07MA：2，采集于安迪尔佛塔东约30米处。呈不规则长方体形，长8.2，宽5.8，厚4厘米。砂岩质。在其中四面，各研磨有两个凹窝。石器已经残为三块，用途不明。

石纺轮　07MA：3，采集于安迪尔佛塔南20米处，已残碎为三块。灰褐色砂岩质。半球体形，直径6.1，高2.5厘米。中间钻穿一孔，孔径1.3厘米。

陶灯残片　07MA：4，采集于安迪尔佛塔东侧。只残存部分口沿，夹砂红陶，器壁较厚。在器壁内侧及口沿处见有较厚的烟炱痕迹，口径约6厘米，腹深2厘米，通高不小于4厘米。微侈口、圆唇、弧腹。

陶纺轮　07MA：5，采集于道孜勒克古城内，共两件，一件为夹砂红陶，残半球体形，直径4.1厘米，单面穿孔，孔径0.4～0.8厘米；另一件为夹砂灰陶，饼状，直径2.1厘米，厚0.6厘米，中间穿孔，孔径0.5厘米。

铜泡　07MA：6，采集于道孜勒克古城内，共五枚，圆形，直径约1.5厘米。可能为铜扣。

铜钉　07MA：7，采集于道孜勒克古城内，共两枚。形制与现在图钉形状基本一致，顶帽直径约1厘米。

铜钱　07MA：8，采集于安迪尔佛塔东北20米处，圆形方孔，锈蚀严重，字迹不清。外径1.8厘米，内径0.8厘米。

海贝　07MA：9，采集于安迪尔佛塔东北30米处，只残存一半，灰白色，残长1.7厘米，来源待鉴定。

玻璃珠　07MA：10，采集于安迪尔佛塔周围与道孜勒克古城内。多为算珠形，另有橄榄形、多面体形、变形管状、三联体形等。颜色以蓝色为主，另见有绿、黑、紫等色。直径多小于0.5厘米。

贝珠　07MA：11，采集于安迪尔佛塔东北30米处，共两枚。呈不规则算珠形，灰白色。表面可见贝壳纹理。一枚直径0.6厘米，另一枚直径0.4厘米。中间穿有小孔。

珊瑚珠　07MA：12，采集于道孜勒克古城内，为不规则管状，浅红色，已残，长0.9厘米，直径0.6厘米。

铜戒指　07MA：13，采集安迪尔佛塔东。由圆杆铜丝弯曲而成，中间戒面部分略宽，两头细窄。两端残，环径1.6厘米。

陶支垫　07MA：14，采集于道孜勒克古城内。圆饼状，有夹砂红陶和夹砂灰陶两种。

磨刀石　07MA：15，为灰黑色砺石，条状，残长5.2厘米，宽2.7厘米，厚0.6厘米。

玻璃残片　07MA：16，灰白色，为玻璃器皿上花纹残片，残长4厘米，成分待鉴定。

四、结　　语

安迪尔古城的始建年代，未见载于历史文献。上世纪初，英国探险家斯坦因对这一区域的主要遗址点考察时所进行的挖掘活动，迄今为止仍然是最为全面的。在对安迪尔古城遗址中出土的各种文物分析后，再进一步结合历史文献，他将这一遗址分为前后间断的两个时期。目前，学界已基本接受了斯坦因的“两期说”。

第一期，西汉至魏晋时期。属于这一时期的主要遗址点有上述的1号佛塔、廷姆古城、戍堡、房屋、南方古城、道孜勒克古城的下层遗存等。之所以这样划分，主要是基于以下几方面的证据：

（1）古代钱币。古代钱币除了在制作工艺和材质方面间接反映出一些时代信息，更为重要的是钱币上往往带有的铭文可以直接显露其流通的年代。如前所述，安迪尔古城中曾发现不少古钱币，其中有我国西汉的五铢钱，其他最常见的多为东汉以来的五铢钱，看来至迟西汉时古城就已存在了。另外，古城中还发现一枚汉佉二体钱（俗称“和田马钱”）。据语言学和钱币学家们的研究，此钱的流通时期为公元1～3世纪。

（2）建筑特点及材料。位于古河道附近的南方古城实际就是一个关卡。经过对比后，斯坦因认为它很有古风，与“丝绸之路”沿线敦煌的玉门关几乎是同样形式。1号大佛塔的建筑，是在方形的塔基上再修建圆柱体覆钵而成，民丰县的尼雅、喀什的莫尔遗址以及库车的苏巴什东寺的佛塔也都采用了相似的建筑方法。学界一般认为，这种类型的佛塔最早出现在犍陀罗地区，而在新疆出现的时间只可能是佛教传入的1世纪以后了。另外，作为常用的建筑材料，这个时期建筑物上的土坯在土质及规格方面有很大的相近性，明显不同于第二期。

（3）佉卢文文书。佉卢文是公元前5世纪至公元后5世纪在中亚地区流通的一种文字。它以犍陀罗地区为中心，另外在我国境内“丝绸之路”的塔里木盆地、敦煌及洛阳等地也有发现。学者们通过对尼雅、米兰和楼兰三地的佉卢文书综合研究后认为，佉卢文在塔里木盆地流通的大致时代范围是公元前2世纪至公元4～5世纪。安迪尔古城的房屋遗址、戍堡遗址都曾发现佉卢文木简，道孜勒克古城的城墙下面的地层中也发现皮质佉卢文书。作为古代“丝绸之路”南道上重要的一站，由于安迪尔古城位于尼雅和米兰遗址之间，所以当地发现的佉卢文书的时代也应在上述的年代范围之内。综合考虑上述的多种因素，大约在3世纪末至4世纪初期，安迪尔古城废弃。

645年，唐代高僧玄奘从印度路经此地回国时，只见当地“国久空旷，城皆荒芜”，已是一片荒无人烟的景象。玄奘的记录应当说是非常准确的现实写照。至于古城荒废的原因，由于缺乏足够的信息，目前只能做一些推测。我们认为，虽然不能完全排除魏晋时期塔里木盆地绿洲小国间兼并战争破坏的社会原因，但是，原绿洲中河道发生位移导致自然生存状况恶化的自然原因似乎更具可能性。安迪尔河在到达中下游区域后，由于水中的泥沙沉积致使河床升高，极易造成河水冲出河床，随意泛滥，这种状况对以灌溉为主的绿洲农业往往是致命的打击。20世纪初，斯坦因在安迪尔考察时，当地的农户还向他诉苦，抱怨因河流改道造成农业歉收。我们在当地考察时，在1号佛塔的南方就发现了两条古河道的遗迹。较远的河道距佛塔约4千米，河床较深，最宽处约有150米。可以想见，早期安迪尔河的水量可能很大；另一条河道距1号佛塔约1.8千米，河道约有15米宽。当年这条河中的水量已大为减少。而今天的安迪尔河已经位移至1号佛塔以东10千米的地域了。正是由于河流的时常改道，才导致沙漠地区旧绿洲的废弃和新绿洲的诞生。

第二期，唐代中期。有唐一代，太宗李世民继位后开始经营西域。就在高僧玄奘路过安迪尔后不久，658年，唐朝将安西大都护府由西州移置龟兹（今库车），逐步建立了包括焉耆、龟兹、疏勒和于阗（今和田）在内的“安西四镇”主要军镇机构。之后，唐高宗和武则天在位期间，更是大力西向。为保证中央王朝对西陲边地的有效管理，安西大都护府节制的唐军数量最多时达到三万人之众，以致四镇之内皆有汉军驻守。唐代中期以来，崛起于青藏高原的吐蕃逐渐成为唐王朝在西域争长称雄的主要竞争对手。据史书记载，吐蕃进攻安西都护府，进出西域时，多经于阗地区，所以处于安西大都护府东南部的于阗肩负着抵御吐蕃西犯的重要拱卫职责。安迪尔古城地处于阗东境，可谓防守吐蕃的前哨，其战略位置的重要性不言自明，因而此地应该很快被起用，再度复兴。目前的道孜勒克古城的上层遗存就应属于这一时期。古城修建了高大的环形城墙以及具有警戒性质的城门。城内的建筑物错落有致，功能完备。从现状分析有官署、佛寺、居室和仓库等，这些显然都是用心经营的结果。佛寺中保存的塑像、壁画、纸画和木板画，具有较高的艺术水准，而其题材内容则显示出大乘佛教的特征。不少建筑物中都发现了汉文文书，墙壁上还残存有数条用钝器刻成的汉文题记。其中一条中带有唐朝年号“开元七年”（719年），使我们对古城的年代断定有了可靠的依据。古城中还出土有藏文文书，墙壁上也发现有叠压在汉文上的藏文题记，可见藏文题记的出现要晚于汉文。据语言学家对藏文的研究，多条题记都与军事活动有关，看来唐军和吐蕃军确实曾在此地浴血拼杀。迄今为止，由于古城中没有发现唐代的钱币，因此学界认为此城存在的时间可能不太长。再联系据史籍记载，8世纪中后期，吐蕃大举进攻安西，约9世纪初“安西四镇”全部陷落。在这场战争中，安迪尔首当吐蕃军锋，必然更早毁于战火，随之废弃。所以道孜勒克古城最终废弃时间不会晚于8世纪。

本次在安迪尔古城东部遗址所作的考察活动，虽然时间不长，但由于组织得力，分工明确，各项工作得以顺利开展，达到了预期的目标。工作中取得的文字、图纸和图片等考察资料，不仅包括文物的现状情况，而且特别对文物的病害情况作了专门的记录。这些重要资料的取得，为安迪尔古城遗址将来的保护与开发奠定了重要的基础。

主要参考书目

［英］斯坦因著、胡锦洲译：《安得悦废址》，见《新疆文物》1991年第3期。

［英］斯坦因著、胡锦洲译：《安得悦遗址》，见《新疆文物》1990年第4期。

刘文锁：《尼雅考古研究综述》，见《新疆文物》1992年第3期。

盛春寿：《民丰县尼雅遗址考察纪实》，见《新疆文物》1989年第2期。

新疆文物考古研究所编辑：《和田地区文物普查资料》，见《新疆文物》2004年第4期。

于志勇：《关于尼雅聚落遗址考古学研究的若干问题》，见《新疆文物》2000年第1、2期。

于志勇：《尼雅遗址的考古发现与研究》，见《新疆文物》1998年第1期。

A. Stein，Ancient Khotan，Oxford，1907.

A. Stein，Innermost Asia，Oxford，1925.

（本文执笔：再帕尔·阿不都瓦依提　彭　杰　阿里木·阿布都热合曼）

新疆尼雅遗址佛塔保护加固实录

一、引　　言

尼雅遗址即汉晋时期西域精绝国的故址，为全国重点文物保护单位，位于新疆维吾尔自治区和田地区民丰县境内，塔克拉玛干沙漠的腹地，南距民丰县城直线距离约100千米。遗址以一座佛塔为中心，散布于南北长约30千米，东西宽5～7千米的区域内。遗址内发现有房屋、场院、墓地、佛塔、佛寺、田地、果园、畜圈、河渠、陶窑、冶炼遗址等遗迹，出土有木器、铜器、铁器、陶器、石器、毛织品、钱币、木简等遗物。尼雅遗址是古代丝绸之路的西域南道形成的聚落之一，作为东西交通的要塞曾繁荣一时。经过现场观察以及与以往资料的比对[1]，我们发现佛塔建筑的病害发育比较严重，不仅种类多，而且数量大。一些病害已对佛塔建筑构成致命威胁。

二、尼雅佛塔及其所处环境的概况

（一）尼雅佛塔现存概况

尼雅佛塔大致位于遗址的中央，是最重要的标志性建筑，其地理坐标为北纬37° 58′ 34″ 19，东经82° 43′ 14″ 92。佛塔是用土坯砌成的，位于由几个高10米左右的红柳包聚集而成的山坡南麓。南侧是比较平坦的开阔地形，从很远的地方也能很容易地看到。现在从西侧向中心部有一个寻宝人所挖的盗洞使佛塔受到很大破坏。南侧墙壁塌落，东侧和北侧的保存状态比较好，东南部二层上部一角，土坯砌筑的结构已经完全离散，现在塌落的现象正在继续，东南部下层的损伤尤其严重。佛塔建筑在平面正方形的二级基坛上，上端为带圆柱状的圆顶状，下层被破损严重，仅存东，北及西边的一部分，如果恢复，大概是边长约5.60米的正方形。高度可以推测在1.80米左右；第2层除南边以外，都较好地保存着，是边长约3.90米，高2.15米的方形。上面的圆顶部分直径1.90米，高1.90米。综合起来塔的高度是5.85米。另外项部的中心有一个直径0.40米的洼穴。如果按A. 斯坦因的报告，应该有一个0.30米方形塔芯基，现在无法识别。塔的构造是由土坯和放入麻刀的泥黏土相互交替砌成的。土坯和泥黏土的厚度几乎相同，土坯的大小不一，平均起来长55厘米，宽24厘米，厚12厘米左右，各边平行排列，土坯的接缝正好是上层的中间位置那样错开排列着。圆顶部分用的是宽20厘米左右的小型土坯，朝外侧呈辐射状延伸。因此，各土坯之间有间隙，看上去圆顶部分像蜂巢一样。根据观察崩塌的南墙面，内部的土坯有呈垂直或平行向的界限。内部有形成核心的坛。内部坛呈金字塔状共3层，下层宽3.05米，上端与外侧最下端的上面的高度几乎相同：中层宽2.20米，高1.25米。从内部核心的存在可以看出，建塔时先建一圈小型基坛，然后在其外围附建墙壁而成。另外，塔表面原来曾涂过装饰土，但由于已全部脱落而无法确认。只是在下坛的上端能看到铺设含红柳小枝和苇草等泥黏土的痕迹，可以认为这是为了保护表面所采取的措施[2]。

（二）环境概况

尼雅遗址建造在尼雅河下游古河道的堆积黏土上，遗址区内的地貌特征为流动波状沙丘。遗址所在的民丰县属典型的温带荒漠性气候。各季节气温变化大，年平均气温变化较稳定，年降水量30.5毫米，年蒸发量2756毫米，无霜期194天，地表温度的极限值可以达到–50℃和70℃。

尼雅遗址所处的塔克拉玛干沙漠是著名的风区。每年4～10月约有5个月是风季。一般风力为5～8级，最大可达10～12级，风向以东风和东北风为主。

三、佛塔病害类型及成因

经过现场勘察，佛塔的主要病害是严重风蚀、水蚀危害、裂隙发育和盗洞扩张等。其中以风蚀为最主要的病害。它不仅造成的直接破坏大，而且还加剧其他病害的发作。

（一）风蚀

风是尼雅佛塔破坏的主要外动力，风蚀在佛塔的各种病害中占主导地位，它自始至终都参与各种病害发生、发展，并对其他病害起到加重作用。风对土遗址的破坏主要是吹蚀作用和磨蚀作用，在冷热交替和雨雪等长期作用下，土遗址表面风化、强度降低，尤其是强风夹带沙土对土遗址可产生巨大的破坏作用，是基础掏蚀的主要外动力。在佛塔表面，特别是主要迎风的东面，可见到凹凸不平的蜂窝状小坑（图一、图二），塔基东北角和西北角已部分残失，北面第二层台基的下端向内凹进，南面壁面更是明显大面积凹进，这些都是风沙磨蚀与旋蚀作用的结果。

图一 佛塔覆钵上的风蚀病害

图二 佛塔东面的水渍和裂隙

（二）水蚀

水蚀也是尼雅佛塔的破坏原因之一。佛塔所处的干燥荒漠地区，以往降水虽然很少，但是往往在较短的时间内迅速聚集，对土建筑破坏力很大。近年来，尼雅遗址所在地区雨雪等大气降水有明显增加趋势，如2008年1月18日至21日，新疆环塔里木盆地普降中到大雪，距尼雅佛塔仅20余千米的轮台至民丰的沙漠公路被迫全线关闭。佛塔由生土材料构成，千百年来，在自然力的作用下，其内部应力已释放完毕。其表层的土体由于长期风化作用，抗剪强度较低，抗水蚀能力较差。尼雅佛塔的水蚀病害主要有两种情况：墙面片状剥蚀、低凹区浸水。墙面片状剥蚀是在降雨作用下，土体表层水分增加到过于饱和程度后，即成为稀泥状态，附着在墙体上。当降水过程继续延长，土体表层的泥浆将阻塞土壤孔隙，妨碍水分继续下渗，形成泥浆状沿墙面流下。同时土体的可溶盐溶解流失，使墙面形成一层富含$CaCO_3$的泥皮，在太阳的暴晒下龟裂。由于表层土体和新鲜土体性质的差异，在风等外营力作用下脱落，形成面片状剥落。不同程度的墙面片状剥蚀，在墙体四面上都有发育。低凹区浸水主要发育在佛塔基础的东北角、西北角以及墙体的水平面上（图三）。雨雪水汇集在佛塔的基础及水平面上，使这里的含水量增加，加速了塔身的损坏。

图三 佛塔北面的水渍和裂隙

（三）裂隙发育

在长期的内外营力作用下，佛塔表面裂隙密布。裸露在外的土坯上及其与周围土坯的接缝多处已出现小裂隙。沙子被风卷起吹入这些裂隙，直接磨蚀内部，更加剧了裂隙的发展。尤其在佛塔的东面，除了土坯之间的小裂隙外，还可以见到六条纵向的大裂隙。其中，两条分布在佛塔下部方形台基的第一层，上下贯通整个壁面；另外四条分布在第二层台基上，靠南端的三条已贯通了壁面。特别是东南角的垂直贯通裂缝，致使部分墙体已经与主体完全离散，随时都有坍塌的可能（图四）。

（四）盗洞扩张

佛塔的西侧和顶部都有寻宝人开挖的盗洞（图五、图六）。这些盗洞早在一百余年前英国的斯坦因来此考察时就已存在。由于长期的自然风化作用，洞内壁面出现风化开裂，在重力作用下产生变形，形成裂隙，将整个顶部分割成数块。最后随着裂隙进一步发育，周围土体对它的挤压摩擦作用减小，小于块体的自重，就形成坍塌。尤其是西侧下方的盗洞，已到达佛塔的中心部位，它的扩张直接威胁建筑整体的安全。

图四　佛塔东南角的裂隙

图五　佛塔西侧底部的盗洞

图六 佛塔西侧顶部的盗洞

（五）崩塌

在佛塔的南面、北面和西面都有崩塌发生。南面正对开阔地，不像其余三面有大沙包拱卫，直接受风，导致地基不断被掏蚀，最终倾倒。此面损毁严重，甚至可见到佛塔的塔心部位了（图七）。北面的崩塌也主要由风蚀所致（图八）。西面的崩塌主要是寻宝人野蛮挖掘佛塔造成的（图九）。

图七 佛塔南面的坍塌

图八　佛塔北面的坍塌

图九　佛塔西侧的病害

四、佛塔的保护加固方案

鉴于尼雅遗址佛塔的地理环境和上述病害问题，结合多年保护工作的实际情况，严格遵循《中国文物古迹保护准则》的有关规定，并参考类似情况的遗址保护方法，我们从实际需要出发，对尼雅遗址佛塔进行保护加固，拟采取的措施有：

（1）由于以往考古工作比较薄弱，所以在加固尼雅佛塔前，为防止施工对古建筑历史信息的破坏，同时全面了解佛塔的建造工艺及基础构造，首先对其四周地坪进行必要的考古清理，重点区域是佛塔南面和西面由坍塌形成的堆土层。

（2）由于人为盗掘形成的盗洞以及塔基部位因风沙掏蚀形成的悬空，已对佛塔的建筑结构造成严重威胁，为了提高佛塔的整体稳定性，必须对这些部位，尤其是西面下方盗洞、东面塔基，使用胶土和红柳枝进行夯补，避免病害进一步发育，消除隐患。

（3）风蚀是佛塔最主要的病害，必须谨慎应对。由于目前对佛塔本体全面加固的条件尚不成熟，我们考虑首要对关系建筑本身结构稳定的地基进行必要的加固。在塔基外1.8米范围内用木桩、红柳枝和胶土固定流沙，使地面提高约0.8米。这种用红柳和胶土固沙的方法在尼雅遗址中很常见。研究表明，佛塔历经千年还能幸存，在很大程度上依赖于它北部的九个大沙包遮挡了风沙。而这些沙包无一例外都是围绕红柳丛逐渐堆积而成。我们现在的做法，既防止了风对塔基的掏蚀，又稳固了塔基，从整体结构上增加了佛塔的稳定性。由于佛塔周围是流沙地貌，变动频繁，此举并未改变佛塔的周围环境，即不改变古建筑的原始风貌。

（4）对塔身上的裂隙，将其中的沙子清理干净后，用掺有麻刀的胶泥浆进行灌缝处理，补平裂隙。这样使已分离的塔身再次黏结，增加佛塔的整体牢固性，可以有效抵制自然界风和雨雪的破坏，延长佛塔的保存时间。

（5）离散而没有坍落的部位，经实地考察，黏结已完全脱离，土坯保存虽然完好，但稍有外力影响，坍塌是早晚的事。对此，我们将土坯取下编号，然后用原来的砌筑方法，将每块土坯砌入原来的位置。原位原样原料重新砌筑，无损佛塔的原貌，且使佛塔更加完整。

（6）对塔身水平面的一些较大的凹坑，以碎草和泥予以抹平，避免雨雪降水在这些地方长时间汇集，损坏墙体。

五、结　　论

尼雅遗址佛塔的保护加固项目，是针对目前佛塔保护状况和存在问题采取的一项重要措施。经过现场勘查及分析，佛塔的主要病害有风蚀、水蚀、裂隙和盗洞等，其中以风蚀对佛塔威胁最大。在当前的情形下，应对佛塔首先实施抢救性的加固工程[3]，重点是稳固地基、填充盗洞和控制裂隙的进一步发育。遵从“不改变文物原状”的原则，通过以上措施较好的保护了佛塔（图一〇～图一三），为将来更大规模的维修工程奠定良好的基础。

图一〇　佛塔北侧加固前

图一一 佛塔北侧加固后

图一二 佛塔东侧加固前

图一三　佛塔东侧加固后

注　　释

［1］A. Stein，Ancient Khotan，Oxford，1907. pl.38、section xxix.（A. 斯坦因：《古代和田》，牛津：图版38、剖面图xxix，1907年）。

［2］中日共同尼雅遗迹学术调查队编：《中日共同尼雅遗迹学术调查报告书》（第二卷）"本文编"，京都，1999年，137～138页（Edited by Sino-Japan investigation team of Niya ruin，Academic investigation report of Niya ruin，vol.2，collected papers，Koyto，1999：p137-138［in Chinese］）。

［3］祁英涛：《中国古代建筑的保护与维修》，文物出版社，1985年，3页（Qi yingtao，Conservation and innovation of Chinese ancient structure. Beijing:Wenwu Press.1985：p3［in Chinese］）。

内容提要：位于新疆塔克拉玛干沙漠腹地的尼雅遗址闻名中外，曾经是古"丝绸之路"上沟通东西方交通的要冲。尼雅中心位置的佛塔引人注目，是遗址的标志性建筑。历经千年沧桑，由于自然和人为的破坏，尼雅佛塔毁损严重，岌岌可危。经过现场勘察，我们发现，佛塔建筑的主要病害有风蚀、水蚀、裂隙发育、崩塌和盗洞扩张等。其中，尤其以风蚀的危害最为致命。通过分析佛塔的病害发育情况，充分考虑佛塔所处的环境状况，遵循《中国文物古迹保护准则》，作者认为，在全面加固佛塔本体的条件尚不具备的情形下，必须采取措施，首先对佛塔的地基进行重点加固，同时修补缝隙，填充盗洞，对建筑结构上实施抢救性工程，以延长佛塔的存续时间，为将来规模更大的彻底维修奠定良好的基础。

关键词：尼雅佛塔　抢救性保护

A study on the conservation of pagoda in the ruin of Niya in Xinjiang of China

By Liang Tao，Center of Xinjiang Cultural Heritage Conservation

Abstract：Niya site，a world-famous ruin in Xinjiang，which lies in the Taklamakan desert，was an important place of connecting the East and the West in the Silk Road in the ancient time. The noticeable pagoda in the center of Niya ruin is a symbolized structure. During the passed 1500's years，the pagoda was destroyed seriously due to natural and artificial factor. After investigation on the spot，we found the main diseases in pagoda are wind erosion，especially a deadly element，water erosion，crevice，collapse and hole. By analysis of diseases，in consideration of surroundings where the pagoda located in and abided by Principles for the Conservation of Heritage Sites in China，in the author's opinion，for the purpose of long-time exist of pagoda and laying a good foundation for large-scale conservation in the future，it is necessary to adopt rescue intervention to reinforce the base of structure firstly，at the same time，renovate the crevices and fill the hole.

Key words: the pagoda in Niya ruin，rescue intervention

（本文作者：梁涛，原载于《敦煌研究》2008年第6期）

A study on the conservation of pagoda in the ruin of Niya in Xinjiang of China

Ⅰ. Forward

Niya, the site of kingdom Jingjue in the western region in the Han and Jin Dynasties (from B.C3 to A.D 4 centuries), today a key cultural heritage under state-protection, lies in hinterland of Taklamakan desert, some 100km. north of Minfeng county town, Khotan, Xinjiang. The world-famous ruin, concentrated on a stupa, distributed in an area of 25km. long from south to north, 5-7km. wide from east to west. The archaeologists have found old remains of house, yard, cemetery, pagoda, temple, farmland, orchard, livestock pen, river, irrigation canal, pottery kiln, smelter and unearthed wooden article, inscribed wooden slip, bronze ware, ironware, earthenware, stone artifact, wool fabric and coin in the mysterious area. In history, Niya, as one of fortress in south route of Silk Road which connected the west and the east, has prospered. After investigation on spot and comparison with former material, [1] we found that the disease on that pagoda, a symbolized structure in the ruin, developed seriously, not only variety in rich, but also a great quantity. Among them, some have endangered the pagoda deadly.

Ⅱ.The general situation of pagoda and its surroundings

ⅰ. The stupa, which lies in the center of ruin roughly, is one of the most important architecture, with geographical coordinate 82° 43′ 14″ 92 E longitude and 37° 58′ 34″ 19 N latitude. The pagoda, which was made of adobe (sun died brick), located on the south of hill that piled up by several 10m-high approximately sand dunes. It is easy to see the stupa in a long distance from south side because of flat and wide terrain. At present, the pagoda was damaged by holes from the west side to center of structure that excavated by some robbers hundreds years ago. The south wall collapsed while the east and north wall kept well, the structure of adobes in the northeast angle of upper stratum separated from main body and tend to collapsed now, especially destroyed seriously in the lower stratum. The pagoda was built on square-plan and two strata base, the upper is cylinder while the lower, which was damaged seriously, is cube, only parts of east, north and west kept. If one restored the structure, it should be a 5.6m. long, 1.8m high cube; The second stratum, besides part of south, kept well, is a 3.9m long, 2.15m high cube. The diameter of upper cylinder is 1.9m and height is also 1.9m. The total height of structure is 5.85m. In addition, there is a hole of 0.4m diameter in the center of top. According to A. Stein's report, a cube core existed, but now it is unable to differentiate this information. The structure of pagoda was laid of adobe and earth with hemp alternately. The thickness of adobe is equal almost with earth. The size of adobe is incompletely same and about 0.55m long, 0.24m wide, 0.12m thickness in average. The adobes were laid parallel with each other. Every seam between adobes is towards the middle of adobes in upper. The cylinder part in upper was made of other small adobe, about 0.2m wide, which were laid to scatter. Consequently, the cylinder part looks like a honeycomb due to many seams existed between adobes. Seen from the collapsed south wall, there are limits mark in vertical and horizontal direction. The core of altar inside presented three strata pyramid shape. The lower stratum is 3.05m wide. Based on the existed core, we deduced that, only the core was built firstly, one could make walls around core outside. In addition, rendering was applied on surface of stupa, but it is unable to confirm because of dropping completely. We could find the trace of earth contained branches of tamarix ramosissima and reed on the lower altar, it was considered a measure for protecting surface. [2]

ii. The ruin of Niya located on the earth accumulation of lower reaches of historical river. The landforms in the ruin are moving dunes. The Minfeng County belongs to typical temperate zone desert climate. The air temperature changed violently in every season in local, but the average air temperature a year changed stably. The precipitation in a year is 30.5millimeters, the evaporation a year is 2756 millimeters, the frost-free period are 194 days. The surface temperature maximum could reach to 50 degrees below zero and 70 degrees above zero.

The Taklamakan desert, where Niya ruin located in, is a world famous wind area. Five months, from April to October, is windy season. Normally the wind is force five to eight, but the maximum could reach force ten to twelve. The main wind direction is east and northeast.

Ⅲ.The sorts of disease on pagoda and its contributing factors

After investigation on spot, we found the disease of pagoda included wind erosion, water erosion, crevices, holes and collapse. Among them, the wind erosion, not only directed serious damage, but also aggravation for other disease, is the main disease.

ⅰ.Wind erosion. Since the wind is main motive force to damage the stupa in Niya, wind erosion played a leading role that accompanied throughout the other disease from beginning to developmental period. Under the action of rain, snow and alternation of cold and warmness, the surface of earthen structure began to weather and its intensity reduced, especially the strong wind with sand, a motive force to corrode base, has a great damage to earthen building. On the uneven surface of stupa, especially the east wall which is facing wind, one could see honeycomb-like pits. The lost parts of northeast and southeast angles of base, the second strata of north and south wall, all of them are consequence of wind erosion.

ⅱ.Water erosion. Water erosion is also one of cause of pagoda being destroyed. There are two kinds of water erosion: earth pieces erosion and water gathering in pits. The precipitation in hot Taklamakan desert is a few in the old days, but usually gathered quickly in a short time, and destroyed earthen structure seriously. In recent years, the precipitation, such as rain and snow, in the region where Niya located in, obviously increased than before. For example, on January 18 th to 21st, 2008, the road from Luntai to Minfeng in desert, which is apart from some 20km. to stupa in Niya, was compelled to close due to heavy snow that dropped around the Tarim basin. The pagoda was made of unfired material, over the passed one thousand and three hundreds years, under the action of natural force, the internal stress released completely. On account of long time weathering, the anti-clipping intensity and water-resisting property of surface earth of stupa became low.

Under the action of rain on the surface of wall, the earth became into mud adhere on the wall after moisture reached to saturation. When the rain continued to drop, the mud on surface would block the hole of soil, hampered the moisture permeating, and flowed through the wall. In the process, the soluble salt in earth was melted and lost, a layer earth pieces contained rich $CaCO_3$ on the wall split under exposing to the sun. Because there is natural difference between the surface earth and new earth, under the action of wind force, the surface earth peeled off. Earth pieces erosion in different degree existed on the four side walls.

The phenomenon of water gathering could be found in the northeast and northwest angles of base and horizontal plane of pagoda. After the water of rain and snow gathered in base and on surface, with the moisture increased, the damage of structure speeded up.

ⅲ.Crevices. Under the action of long time external and internal force, the crevices densely covered on the surface of stupa. The joint between adobes became into small crevices. The wind began to erode and deteriorate inner part of these crevices by blew sand. Especially on the east wall, except those short crevices, six long crevices in vertical could be found. Among these crevices, two are on the lower base and four are on the second stratum. In particular, since several crevices cut through the surface, a part of wall has separated completely from main body. As a result, it is probability of separated part collapsing at any time.

ⅳ.Holes. Three holes that excavated by robbers on the west wall and top part, have been seen in the plan that draw by A. Stein one hundred years ago. On account of long time weather, the surface inside holes split, became deformed and present crevices. With the development of crevices, the friction force on separated part reduced, finally they fell down on the ground. Especially the hole in the lower part of west wall, which has reached the core of pagoda, endangered structure directly.

v. Collapse. The south and west wall collapsed partly. Unlike the other three sides surrounded by dunes, the south wall, which is facing to open ground, was blew by the wind. With the development of base erosion, part of wall collapsed finally. The south wall destroyed very seriously, even one could see the core inside the pagoda. The collapse in west wall mainly was caused by the robber's excavation.

Ⅳ.The conservation plan for pagoda

In consideration of surrounding and disease of pagoda mentioned above, combined passed perennial experience, abided by *Principles for the Conservation of Heritage Sites in China*, and draw lessons from similar ruin, we decided to apply some measure as follows:

ⅰ.On account of lacking in archaeology, for the purpose of understanding well the technique and basic structure of pagoda and avoiding lost of historical information during intervention, it is necessary firstly carrying out archaeological excavation. The main area are earth mound collapsed from the south and west wall.

ⅱ.The holes that excavated by the robbers and gaps that blew in the base that eroded by the wind, has endangered seriously structure of pagoda. For the purpose of promoting the stability of pagoda, it must be use natural adobes and branches of tamarix ramosissima to ram into gaps.

ⅲ.Since the wind erosion is the main disease, it is necessary to cope with carefully. Because the essential requirements of comprehensive conservation of stupa unsatisfied, at present, we thought the most important is to improve situation of base, which concerned the stability of pagoda. In the range of ground which is 1.8m. beyond the base, we use stakes, branches of tamarix ramosissima and earth to fix moving sand and raise the ground 0.8m high than before. The measure of fixing sand which used branches of tamarix ramosissima and earth, in fact, is very popular in Niya. According to some archaeologist's study, the 1300-year pagoda could exist to present, to great degree, thanks to nine big dunes in north kept out the wind. Unexceptionally, these dunes were took shape of sand piled around branches of tamarix ramosissima naturally. Now the methods we applied could prevent the wind to erode base and improve stability of pagoda in construction. On account of landforms of moving sand around pagoda, this measure doesn't change the surroundings where the pagoda located.

ⅳ.As far as the crevices are concerned, we will use mud with hemp mend them after clean out sand inside. The method can bind separated parts with main body again, prompt the stability of structure and keep out wind, snow and rain effectively, then extend existing time of stupa.

ⅴ.As to some separated parts, although the adobes kept well, they would collapse if external force acted. Therefore, we will lay those adobes to their original location after giving numbers to them.

ⅵ.As to some holes on the horizontal plane of surface, we will use mud with grass scraps to even them and prevent water gather there.

Ⅴ.Conclusion. The plan of conservation pagoda in Niya ruin, is an important measure that applied in view of conservational situation and existing disease of pagoda. After investigation on spot and analysis, in my opinion, the disease included wind erosion, water erosion, crevices, collapse and holes. Among them, the wind erosion is the most harmful factor for pagoda. Hence, from the view of rescue intervention, [3] the focal point of conservation is to stabilize the base, fill the hole and even the crevices. In practice, we abided by the principle of unchanging original state of cultural heritage and applied measures mentioned above, which could lay a good foundation for large scale conservational intervention in the future.

(By Liang Tao, Center of Xinjiang Cultural Heritage Conservation)

References

[1] A. Stein, Ancient Khotan, Oxford, 1907. pl.38、section xxix.

[2] Edited by Sino-Japan investigation team of Niya ruin, Academic investigation report of Niya ruin,

vol.2, collected papers, Koyto, 1999: p137-138 (in Chinese) .

[3] Qi yingtao. Conservation and innovation of Chinese ancient structure. Beijing: Wenwu Press.1985: p3 (in Chinese) .

Abstract: Niya site, a world-famous ruin in Xinjiang, which lies in the Taklamakan desert, was an important place of connecting the East and the West in the Silk Road in the ancient time. The noticeable pagoda in the center of Niya, is a symbolized structure. During the passed 1500's years, the pagoda was destroyed seriously due to natural and artificial factor. After investigation on the spot, we found the main diseases in pagoda are wind erosion, especially a deadly element, water erosion, crevices, collapse and hole. By analysis of diseases, in consideration of surroundings where the pagoda located in and abided by Principles for the Conservation of Heritage Sites in China, in the author's opinion, for the purpose of long-time exist of pagoda and laying a good foundation for large-scale conservation in the future, it is necessary to adopt rescue intervention to reinforce the base of structure firstly, at the same time, renovate the crevices and fill the hole.

Key words: the pagoda in ruin of Niya, rescue intervention

[本文原载李最雄、王旭东主编的《2008年古遗址保护国际学术讨论会论文集》（英文版），科学出版社，2010年]

新疆和田安迪尔古城佛塔保存现状及保护对策

一、引　言

安迪尔古城遗址位于新疆和田地区民丰县安迪尔牧场境内，主要包括多处古城、戍堡、墓葬、佛塔、居室以及冶炼遗址等。发源于昆仑山的安迪尔河大致由南向北流经安迪尔牧场，灌溉着这片绿洲。上述的遗址就分布在安迪尔河的东西两侧，其中在安迪尔河西侧的是阿其克考其克热克古城，其余大部分遗址主要分布在安迪尔河东侧，安迪尔牧场东南约27千米的沙漠腹地。在约20平方千米的地域内，分布有廷姆古城、道孜勒克古城、佛塔、戍堡、墓地、冶炼作坊和房屋等多处遗址，出土有木器、铜器、铁器、陶器、石器、毛织品、钱币、木简等遗物。廷姆古城，又称夏羊塔克古城，是一处汉晋时期的城址，地理坐标东经83° 49′ 25.39″，北纬37° 47′ 37.69″。在古城东约300米的雅丹台地上，矗立着高大雄伟的廷姆佛塔。道孜勒克古城，是一座唐代中晚期的城址，据学者研究，此地极可能就是《唐书·地理志》中所记于阗军镇下辖的某个守捉所在地。安迪尔古城遗址是汉唐时期丝绸之路的西域南道重镇之一，作为东西交通的要塞曾繁荣一时。2001年，该遗址被国务院公布为全国重点文物保护单位。

自1901年英国人A. 斯坦因考察安迪尔古城遗址后，在近百年中陆续又有一些机构及个人来此活动[1]。2004年，由于安迪尔佛塔保护加固项目即将列入《丝绸之路新疆段重点文物抢救保护计划》，不日即可实施，为保证保护设计方案编制的科学性和可行性，我们立即奔赴安迪尔古城遗址，重点对佛塔进行了勘察。经过现场观察以及与以往资料的比对，我们发现佛塔建筑的病害发育比较严重，不仅种类多，而且数量大，其中不少病害在沙漠干旱区的土遗址中颇具典型性。鉴于这是首次在新疆地区的沙漠中对土遗址实施抢救性保护，我们不择浅陋，将在此项目实施前后的一些思考和想法提出来，以求抛砖引玉。

二、安迪尔佛塔及其所处环境的概况

（一）安迪尔廷姆佛塔现存概况

廷姆佛塔是遗址群中最重要的标志性建筑，地理坐标为东经83° 49′ 11.4″，北纬37° 47′ 33.8″。

佛塔周围，多为沙丘和雅丹地貌。佛塔就建筑在一处雅丹台地上（图一）。其北侧、东侧堆积有流沙，南侧、西侧、西北侧由于风蚀作用，大幅度向下凹陷，已形成明显的凹坑。西南侧的凹坑，最低处距佛塔底部垂直距离约4米[2]。在东南侧地面上有一不规则坑，深约0.6米。在东北侧也有一不规则坑，深约0.4米。

佛塔的建筑形制是方形塔基的覆钵式塔。塔基共有三层，由下向上逐渐内收。底部第一层边长8.24米，直接建筑在雅丹台地上。目前暴露于地表的仅存东北面的一块，其余部分仅能在佛塔下部的直立面上见到。由于塔基大面积向内凹进，可见这一层厚约0.5米，全部是用胶泥夯筑而成；第二层，内收约0.6米，分别以两层土坯和两层胶泥间隔垒砌而成。先以土坯在第一层地基上平铺一层，再在土坯上砌上一层胶泥。然后在胶泥层上再砌一层土坯，土坯上再加一层胶泥建筑而成。本层高约1.8米；第三层，向内收约0.6米，全部用胶泥堆砌而成，高约0.5米。覆钵部分内收约0.5米，全部以土坯拌以胶泥，垒砌而成，高约4.3米，呈圆柱形。佛塔塔基部分边沿残失严重，四角均已不存。佛塔的东北面，现存一盗洞，一直向内抵达塔的中心部位。盗洞深约2米，高约1.6米，宽约1.4米。佛塔的中心部位，由覆钵顶部向下，现存一个约0.3米见方的柱槽。据斯坦因记录，其中原插有一根木柱，沿着佛

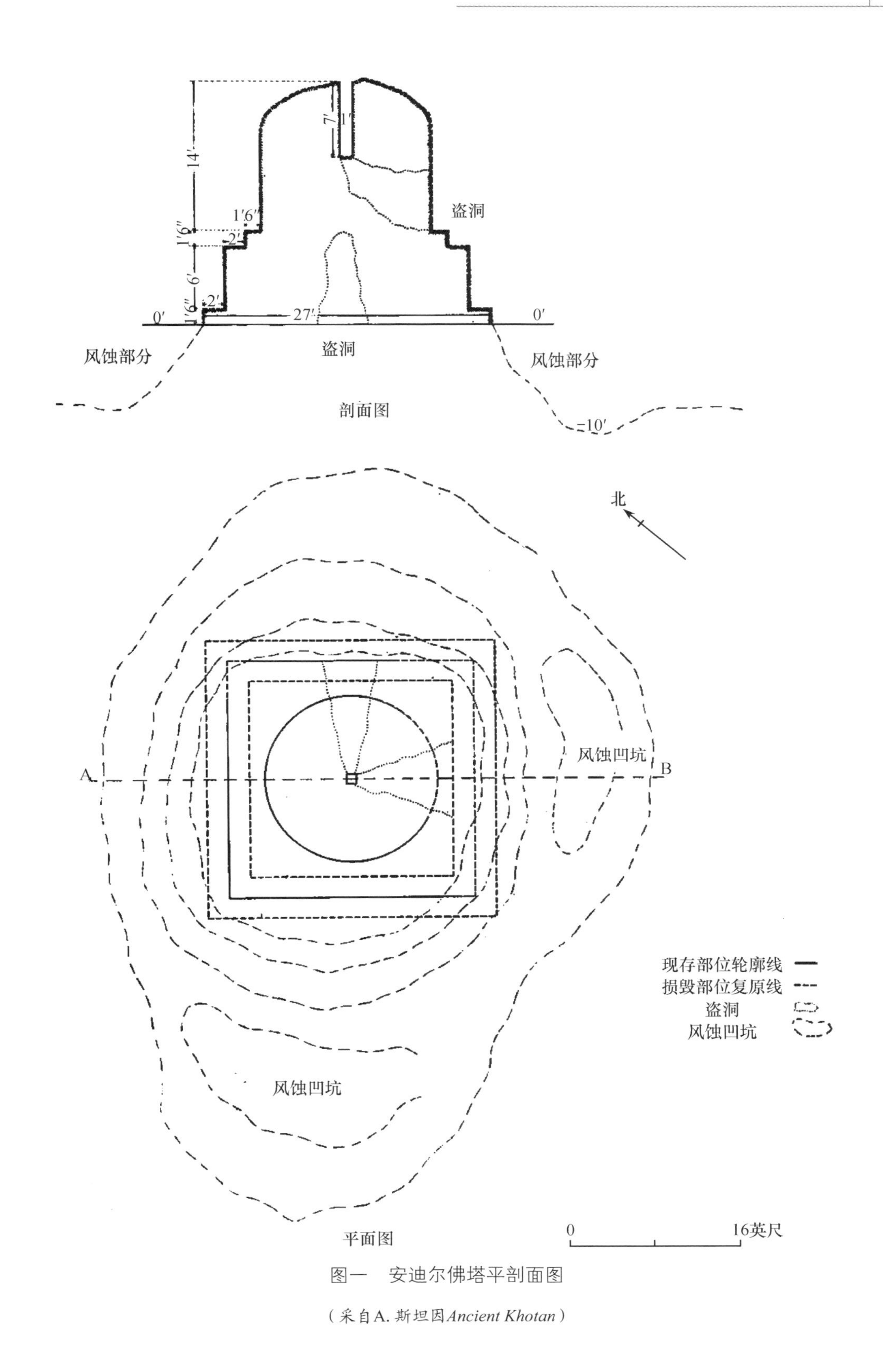

图一　安迪尔佛塔平剖面图

（采自A. 斯坦因*Ancient Khotan*）

塔中心向下达7英尺深[3]。目前，东北面的盗洞已与这段柱槽联通。在覆钵的东南面的上半部分，另存一个盗洞，也与柱槽联通。盗洞高约1.2米，宽约0.5米。在东北面盗洞内，可见佛塔内部的构筑情况，主要用土坯垒砌。在土坯的上下左右各面，均抹以胶泥，相互粘连。土坯尺寸大致为50厘米×30厘米×10厘米（图二）。

图二　安迪尔佛塔及周边环境（由西向东）

（二）环境概况

1. 地形地貌

新疆维吾尔自治区的南部是以世界闻名的塔克拉玛干沙漠为中心的塔里木盆地。塔里木盆地位于天山和昆仑山两大山系之间，大致位于北纬37°～42°的暖温带范围内。南北最宽的距离为520千米，东西长约1300千米。盆地地势由南向北缓斜并由西向东稍倾。昆仑山北麓海拔1400～1500米，天山南麓降低到1000米左右，东部罗布泊降低到780米。塔里木河以南为塔克拉玛干沙漠，是连片的波状起伏的沙丘，全部面积约为330000平方千米。

位于沙漠南部的民丰县地势南高北低。南部昆仑山脉横亘，终年积雪，最高海拔6300米，山前冲积平原，地势平坦，海拔1350～1500米，北部沙漠丘峦起伏，延绵纵横。安迪尔古城遗址区内的地貌特征为流动波状沙丘。

2. 地质特点

塔里木盆地是大型封闭性山间盆地，地质构造上是周围被许多深大断裂所限制的稳定地块，地块基底为古老结晶岩，基底上有厚约千米的古生代和元古代沉积覆盖层，上有较薄的中生代和新生代沉积层，第四纪沉积物的面积很大，构造上的塔里木盆地地块和地貌上的塔里木平原，范围并不一致。坳陷内有巨厚的中生代和新生代陆相沉积，最大厚度达万米，是良好含水层。盆地呈不规则菱形，四周为高山围绕。边缘是与山地连接的砾石戈壁，中心是辽阔沙漠，边缘和沙漠间是冲积扇和冲积平原，并有绿洲分布。盆地地势西高东低，微向北倾。地面以下2米为粉砂土层，2～16米为胶土层，16～35米为细砂层。

3. 气候水文

安迪尔古城遗址所在的民丰县属典型的温带荒漠性气候。由于县境地处塔里木盆地西北部，受帕米尔高原和天山的屏障作用，阻挡了中亚、西伯利亚和北冰洋的冷空气和水汽来源。南面受昆仑山和青藏高原的阻挡，使低纬度的暖空气不易进入，水汽来源很少。安迪尔乡南部为终年积雪的昆仑山，属典型的大陆性干燥沙漠气候，干旱少雨，降水少，冬春季水资源比较丰富，夏季洪水不大，秋季水资源短缺，地下水埋深25米左右。年均气温11.5℃，年日照时间2840小时，年降水量36.4毫米，蒸发量2862毫米，无霜期194天。

民丰县境内的主要河流均季节性较强，夏季炎热，冰雪消融，洪水暴涨，泄洪量占全年的73%。春秋水量减少，冬季干涸，地下径流农田不能直接引用。其中，安迪尔河发源于巴音郭楞蒙古自治州的且末县昆仑山北坡，为民丰、且末两县的分界河，自东向西流向喀尔赛北转弯向北经康托卡依和安迪尔兰干流向安迪尔牧场，消失于东北的沙漠之中，年径流量1.43亿立方米。该河中游为积沙所阻，河床较高，除洪水期可以通过外，秋季流水渗入地下，冬季再从下游溢出，秋季最小流量1.0立方米/秒，冬季潜水溢出，流量达3～4立方米/秒。

遗址所处的塔克拉玛干沙漠是著名的风区。每年4～10月约有5个月是风季。一般风力为5～8级，最大可达10～12级，风向以东风和东南风为主。

三、佛塔病害类型及成因

经过现场勘察，佛塔的主要病害是严重风蚀、水蚀危害、裂隙发育、崩塌和盗洞扩张等。

（一）风蚀

安迪尔佛塔地处空旷的荒原，四周没有任何屏障阻挡风沙侵害。风对土遗址的破坏主要是吹蚀作用和磨蚀作用。在冷热交替和雨雪等长期作用下，土遗址表面出现风化，强度降低。如果遇上强风夹带沙土，则对土遗址可产生巨大的破坏作用[4]。目前在佛塔表面，特别是主要迎风的东面及东南面，可见到凹凸不平的蜂窝状小坑；佛塔的方形平面的塔基已看不出原貌；塔基的南角已部分残失，向内凹进，形成部分悬空；顶部覆钵的东南侧表面异常光滑；佛塔周围的北侧、西南侧和东南侧的雅丹地坪上现存三个凹坑，特别是西南侧的凹坑既深又大，已严重危及佛塔下方的地基。上述这些现象都是风沙磨蚀与旋蚀作用的结果（图三～图五）。

图三　佛塔表面的风蚀小孔

图四 佛塔东南面的风蚀凹坑

图五 覆钵上的风蚀病害

（二）水蚀

水蚀也是安迪尔佛塔的破坏原因之一。佛塔由生土材料构成，千百年来，在自然力的作用下，其内部应力已释放完毕。其表层的土体由于长期风化作用，抗剪强度较低，抗水蚀能力较差。佛塔虽处干燥的荒漠地区，但距安迪尔河直线距离不到10千米，离人类活动的绿洲更近。以往降水虽然很少，但是往往在较短的时间内迅速聚集，对土建筑破坏力很大。近年来，安迪尔遗址所在地区雨雪等大气降水有明显增加趋势，如2008年1月18日至21日，新疆环塔里木盆地普降中到大雪，距安迪尔佛塔不远的轮台至民丰的沙漠公路被迫全线关闭。佛塔的水蚀病害主要有两种情况：墙面片状剥蚀、低凹区浸水。墙面片状剥蚀是在降雨作用下，土体表层水分增加到过于饱和程度后，即成为稀泥状态，附着在墙体上。当降水过程继续延长，土体表层的泥浆阻塞土壤孔隙，妨碍水分继续下渗，形成泥浆状沿墙面流下。同时土体的可溶盐溶解转移，在墙面形成一层富含$CaCO_3$的泥皮。在太阳的暴晒下，泥皮发生龟裂。由于表层土体和新鲜土体性质的差异，在风等外营力作用下脱落，形成墙面片状剥落[5]。不同程度的墙面片状剥蚀，在墙体四面上都有发育。低凹区浸水主要发育在佛塔地基周围的凹坑里。雨雪水汇集在坑内，不仅使这里的含水量增加，而且还改变了可溶盐的比例，加速了地基的损坏。

（三）裂隙发育

在长期的内外营力作用下，佛塔表面裂隙密布，主要表现形式是构造裂缝和生土节理。构造裂缝是新构造活动的结果，延伸长，张开度大小不一。一旦存在临空面，依照优势结构面理论，此类裂隙就会迅速贯通，导致小型块体运动，进而形成坠落体。在佛塔覆钵的东面，就可以见到一条长达两米的纵向大裂隙。生土节理发生在土建筑的原生结构面，如夯土层面和土坯之间的接缝处，多以大致纵向排列、数条一组的形式间隔出现。如果出现温差剧烈变化、沙尘暴、地震、冻融和卸荷等自然因素的影响，它们就会伸展开裂，产生纵横交错的变形，有很大概率与构造裂缝连通[6]（图六）。

图六 佛塔表面的病害

（四）盗洞扩张

佛塔的东北侧和顶部南侧都有寻宝人开挖的盗洞。这些盗洞早在100余年前英国的斯坦因来此考察时就已存在。由于长期的自然风化作用，洞内壁面沿层理面风化开裂，在重力作用下产生变形，形成裂隙，将整个顶部分割成数块。最后随着裂隙进一步发育，周围土体对它的挤压摩擦作用减小，小于块体的自重，就会形成坍塌。尤其是东北侧下方的盗洞，已到达佛塔的中心部位，并且和上方的盗洞完全连通。它的扩张直接威胁建筑整体结构的安全（图七～图九）。

（五）坍塌

在佛塔上主要出现了两种不同类型的坍塌[7]。第一类是由优势结构面导致的坍塌。它是由于多种外动力作用，使原有的裂隙贯通，造成建筑物土体开裂、架空，随之发生坍塌；从佛塔上残存的遗迹分析，覆钵东南面的坍塌就属此类。第二类是由重力作用和风蚀作用等综合因素造成的坍塌。如，佛塔东北面下方的盗洞内发生的坍塌即属此类（图一〇、图一一）。

图七　顶部覆钵上的盗洞

图八　东北面的盗洞

图九　东北面的盗洞内部情况

图一〇　佛塔东北面的崩塌及盗洞

图一一　覆钵东侧的崩塌

在上述的病害中，风蚀为最主要的病害。因为在沙漠地带，风是产生破坏的主要因素。风蚀是基础掏蚀的主要外动力，自始至终都参与其他病害的发生、发展，不仅对土遗址造成的直接破坏大，而且还加剧其他病害的发作。因而，风蚀在各种病害中占主导地位。其次是盗洞扩张。因为它直接侵害佛塔内部，从内部结构上破坏建筑物，对佛塔整体的稳定性产生直接的影响。

四、佛塔的保护加固措施

鉴于安迪尔佛塔所处的地理环境和上述病害问题，结合多年保护工作的实际情况，严格遵循《中国文物古迹保护准则》的有关规定，并参考西北干旱区土遗址的保护方法，我们从实际需要出发，对佛塔进行保护加固，拟采取的措施有：

（1）由于东北面人为盗掘形成的盗洞已和顶部相通，且洞口朝向东北方，正是迎风面，风力可直接作用于塔内的壁面，直接掏蚀内部，已对佛塔的内部建筑结构造成严重威胁。为了提高了佛塔的整体稳定性，计划使用胶土和红柳枝对这个盗洞夯补填实，避免病害进一步发育，消除坍塌隐患。

（2）风蚀是佛塔最主要的病害，必须谨慎应对。由于安迪尔佛塔体量较大，目前对佛塔本体全面维修加固的条件尚不成熟，我们考虑首要对关系建筑本身结构稳定的地基进行必要的加固，加固的重点区域在西南侧的大凹坑。在凹坑内先在地坪上钉插几行短木桩，在木桩之间的空隙处敷设一层红柳枝后，其上再以大胶土块压实。然后依次再敷设红柳枝压胶土块，如此反复多次堆砌，直达佛塔的基础部位。这样，在西侧和西南侧原先完全裸露在外的雅丹地基，全部被厚重的胶土块覆盖，凹坑内的流沙得以固定。为了巩固覆盖层，在凹坑西侧的地坪上一红柳枝再编扎了一道篱笆，如此凹坑内的胶土块就被固定为一个整体，流沙在此易于堆积固结。据中日共同尼雅遗迹学术考察队在1988～1997年在距安迪尔不远的尼雅遗址所见[8]，以及我们在和田沙漠边缘的卡巴克阿斯坎村的实地调查，这种因地制宜、就地取材的用红柳和胶土固沙的方法不仅在许多古代遗址中很常见，而且至今仍被当地居民使用，可见是一种有效的传统方法。而且，此前和田地区文管所已用此法对佛塔进行过小规模的加固试验，证明确实有效。我们现在的做法规模更大，既防止了风对塔基的掏蚀，又稳固了塔基，从整体结构上增加了佛塔的稳定性。由于佛塔周围是流沙地貌，变动频繁，此举并未改变佛塔的周围环境，即不改变古建筑的原始风貌（图一二）。

（3）对北侧和东南侧两个较小的凹坑，本着“防微杜渐”的精神，全部以红柳枝和胶土块予以填平，避免它们进一步扩大，进而损坏地基。

（4）鉴于本次是对佛塔实施抢救性保护，故对水蚀、裂隙病害暂不处理。水蚀主要侵害佛塔的表面，对建筑物的外观产生破坏，而它对佛塔稳定性的影响是一个漫长的渐进过程。如上所述，佛塔下方的盗洞将被填实，最大的一条裂隙又位于上部的覆钵，即使有所发展，也不会对佛塔造成毁灭性的打击。

图一二　安迪尔佛塔加固示意图

五、结　　论

安迪尔古城佛塔的保护加固项目，是针对目前佛塔保护状况和存在问题采取的一项抢险加固措施。经过现场勘察及分析，佛塔的主要病害有风蚀、水蚀、裂隙、坍塌和盗洞等，其中以风蚀对佛塔威胁最大。在当前的情形下，我们对佛塔实施了抢救性的加固工程，重点内容是稳固地基、填充盗洞以控制裂隙的进一步发育。两年后，我们又赴现场调查，发现保护工程效果良好（图一三、图一四比较）。通过这次在沙漠中的文物保护实践，我们认识到：

图一三 佛塔西南面的大凹坑加固前

图一四 佛塔西南面的大凹坑加固后

（1）在进行古建筑抢险加固时，认真分析病害的状况，尤其是分清病害的主次尤为重要，它是我们有针对性地采取保护措施的基础和前提。本文所涉及的安迪尔佛塔有多种病害，但是我们主要加固了建筑物的地基，填充了下方的盗洞。这些措施是在分析病害后，充分考虑建筑物整体的稳定性而确定的。

（2）在沙漠地区实施土遗址的保护工程，在目前缺乏可供参考借鉴成功经验的情形下，应该因地制宜，采用当地传统的工艺技术和手段，避免造成不必要的破坏。

注　释

［1］自1901年A. 斯坦因考察安迪尔遗址后，随后的来此活动的有：1904年，美国地理学家亨廷顿（E.Huntingtong）考察了安迪尔古城遗址，发现了所谓南方古城。1906年11月8日至12日，斯坦因再次来到安迪尔古城遗址，挖掘了道孜勒克古城及其附近遗址、廷姆古城和南方古城等地，发现了五铢钱、铜器、佉卢文木简等重要文物。1911年12月，日本大谷探险队的队员橘瑞超曾来过安迪尔遗址活动。1982～2001年，原和田地区文物保护管理所多次对安迪尔古城考察，采集了包括木简在内的一批文物。1989年11月2日，以新疆文物考古研究所原所长王炳华教授为组长，包括刘文锁、肖小勇和于英俊为组员的塔克拉玛干综考队考古组一行四人到达安迪尔东部遗址。他们主要考察了夏羊塔格古城（廷姆古城）、大佛塔和道孜立克城堡，采集了陶片、铁制品、铜制品、玻璃片、钱币、织物、木制品等文物。1990～1991年，新疆文物普查期间，由新疆文物考古研究所、和田地区文管所、焉耆县文管所的专业人员组成的文物普查工作队曾来此调查。1993年，原和田地区文物保护管理所对安迪尔古城东部遗址中的大佛塔进行了临时加固。在上述活动中，除最后一次是小规模加固试验外，其余均属一般野外调查。

［2］据1901年斯坦因所见，此坑约有10英尺深。参见：［英］斯坦因著，胡锦洲译：《安得悦遗址》，《新疆文物》1990年第4期。

［3］同［2］。

［4］赵海英、李最雄、韩文峰、王旭东、谌文武：《西北干旱区土遗址的主要病害及成因》，《岩石力学与工程学报》2007年第6期。

［5］孙满利、李最雄、王旭东、谌文武：《干旱区土遗址病害的分类研究》，《工程地质学报》

2007年第6期。

［6］张景科、谌文武、李最雄、郭青林：《交河故城东北佛寺墙体裂隙程度发育反演研究》，《敦煌研究》2007年第5期。

［7］李最雄：《丝绸之路古遗址保护》，科学出版社，2008年，234～238页。

［8］中日共同尼雅遗迹学术考察队编辑发行：《中日共同尼雅遗迹学术调查报告书》（第二卷），本文编，1999年。

内容摘要：位于新疆塔克拉玛干沙漠腹地的安迪尔古城遗址曾经是古“丝绸之路”上沟通东西方交通的要冲。遗址中的标志性建筑廷姆佛塔历经千年沧桑，由于自然和人为的破坏，毁损严重。为了对佛塔实施抢救性保护，同时积累在沙漠干旱地区维修土遗址的经验,我们赴现场进行了勘察，发现佛塔的主要病害有风蚀、水蚀、裂隙发育、坍塌和盗洞扩张等。其中，尤其以风蚀的危害最为致命。通过分析佛塔的病害发育情况，充分考虑佛塔所处的环境状况，遵循《中国文物古迹保护准则》，我们决定采用当地传统的加固土建筑的方法，主要对佛塔的地基进行加固，同时填充盗洞。从后来的实际看，这种加固方法效果良好。通过这次加固安迪尔古城佛塔的实践，我们认识到，抢险加固沙漠地区的土遗址，要认真分析各种病害的发育状况，要针对主要病害，优先处理那些危及建筑物整体结构稳定性的病害隐患，为将来实施全面维修保护奠定良好的基础。

关键词：安迪尔古城　佛塔　抢救性保护

（本文作者：梁涛，原载《文物保护与考古科学》2009年第3期）

新疆和田热瓦克佛寺保护研究

一、引　　言

热瓦克佛寺遗址位于新疆和田地区洛浦县城西北50千米处的沙漠中，地理坐标为东经80° 9′ 49.62″，北纬37° 20′ 44.58″，海拔1290米。佛寺的西面是玉龙喀什河，北、东面是塔克拉玛干沙漠，南为吉雅乡绿洲。这是一处以佛塔为中心的寺院建筑遗址（图一）。2001年6月15日被国务院公布为第五批全国重点文物保护单位。

热瓦克佛寺是晋唐时期丝绸之路的西域南道上重要的历史文化遗存。自20世纪初被英国探险家发现之后，在国内外学术界引起了很大反响。遗址中出土

图一　热瓦克佛寺周边的环境

了泥塑、五铢钱以及陶器等物品，尤其是保存的大量泥塑在新疆古代佛寺遗址中独树一帜。据研究，它们与犍陀罗艺术有较为密切的关系。热瓦克佛寺是和田地区至今保存最为完整的佛教建筑，是研究古代新疆佛教建筑和塑像艺术难得的实物依存。

经过现场观察以及与以往资料的比对[1]，我们发现佛寺主要建筑的病害发育比较严重，不仅种类多，而且数量大。一些病害已对佛寺建筑及现存泥塑构成致命的威胁。

二、热瓦克佛寺遗址及其所处环境的概况

（一）热瓦克佛寺遗址现存概况

佛寺平面呈方形，主要由位于中心的佛塔以及四周的围墙构成。佛塔用土坯砌筑，残高9米，平面为“十”字形，长50米，宽45米。塔基分四级，平面呈方形，边长15米，高5.3米。塔身为圆柱形，直径9.6米，残高3.6米，塔顶为覆钵形，已残。院墙由土坯砌筑，东西长49米，南北长49.4米，残高约3米，南墙中部为院门。总面积达2370平方米。院墙内外两侧均有彩绘塑像，主要是佛和菩萨像。立佛高达3米，约每隔六七十厘米安置一尊。斯坦因仅仅发掘了南墙和东墙，就发现塑像91尊，可见保存泥塑数量之大（图二）。在每两尊立佛之间配置菩萨供养像，基本呈对称排列。佛像背后的头光中往往还有影塑小佛像，偶尔也有金刚杵和装饰图案穿插其间。

（二）环境概况

热瓦克佛寺周围的地貌多为流动沙丘，地表植物主要是芦苇和胡杨树，无任何现代建筑。遗址所在的洛浦县属极度干燥的大陆性气候。其主要特征是四季分明，昼夜温差大，光能和热能丰富。平均气温7.8℃～12℃，平原绿洲为11.4℃，最高极度40.1℃，最低极值24.6℃，年均日较差13.9℃，年无霜期217天，年均降水量35.2毫米，蒸发量2226.2毫米，日照2653.7天，占可照时数的60%。热瓦克

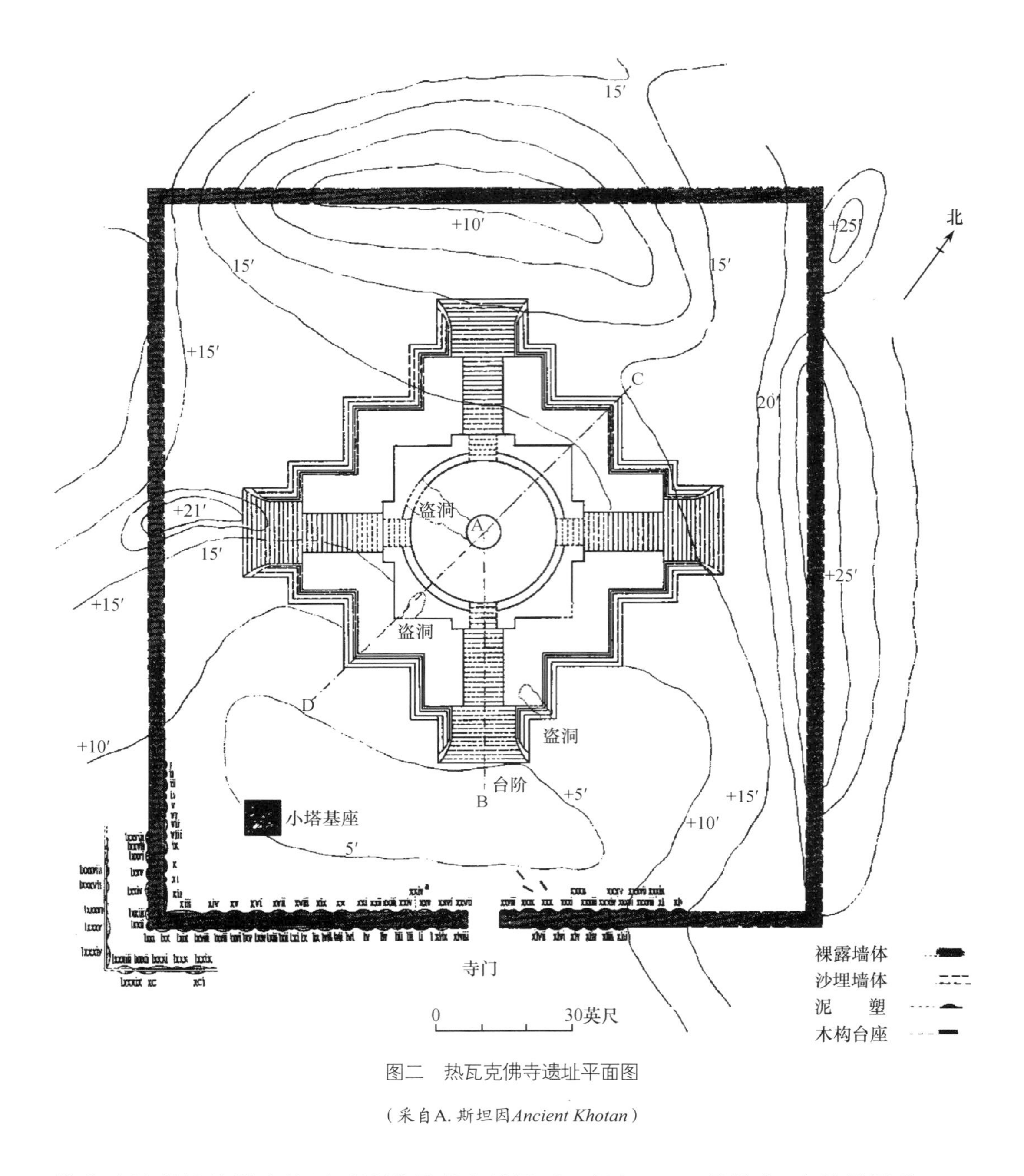

图二 热瓦克佛寺遗址平面图

（采自A. 斯坦因*Ancient Khotan*）

佛寺遗址所处的塔克拉玛干沙漠是著名的风区。每年4～10月约有5个月是风季。一般风力为5～8级，最大可达10～12级。洛浦县全年盛行西风，年均风速2.2米/秒。

三、佛寺病害类型及成因

经过现场勘察，佛寺的主要病害是严重风蚀、水蚀危害、裂隙发育和盗洞扩张等。其中以风蚀为最主要的病害。它不仅造成的直接破坏大，而且还加剧其他病害的发作。

（一）风蚀

风是热瓦克佛寺破坏的主要外动力，风蚀在各种病害中占主导地位，它自始至终都参与各种病害发生、发展，并对其他病害起到加重作用。风对土遗址的破坏主要是吹蚀作用和磨蚀作用，在冷热交替和雨雪等长期作用下，土遗址表面风化、强度降低，尤其是强风夹带沙土对土遗址可产生巨大的破坏作用，是基础掏蚀的主要外动力。大风挟带沙尘和干热风是佛寺所在地洛浦县的主要气候灾害，所以佛寺的围墙以及佛塔表面，尤其是主要迎风的西面，可见到凹凸不平的蜂窝状小坑，佛塔顶部的覆钵已大部分残失，这些都是风沙磨蚀与旋蚀作用的结果（图三）。而且，风蚀对于围墙内外两侧的大型泥塑也是致命的破坏因素。

图三 佛塔表面的风蚀病害

（二）水蚀

水蚀也是热瓦克佛寺的破坏原因之一。佛寺虽处干燥荒漠地区，但是靠近绿洲，以往降水虽然很少，但是往往在较短的时间内迅速聚集，对土建筑破坏力很大。近年来，热瓦克佛寺所在地区雨雪等大气降水有明显增加趋势，如2008年1月18日至21日，新疆环塔里木盆地普降中到大雪，轮台县至和田的沙漠公路被迫全线关闭。佛寺建筑主要由生土材料构成， 千百年来，在自然力的作用下，其内部应力已释放完毕。其表层的土体由于长期风化作用，抗剪强度较低，抗水蚀能力较差。热瓦克佛寺的水蚀病害主要有两种情况：墙面片状剥蚀、低凹区浸水。墙面片状剥蚀是在降雨作用下，土体表层水分增加到过于饱和程度后，即成为稀泥状态，附着在墙体上。当降水过程继续延长，土体表层的泥浆将阻塞土壤孔隙，妨碍水分继续下渗，形成泥浆状沿墙面流下。同时土体的可溶盐溶解流失，使墙面形成一层富含$CaCO_3$的泥皮，在太阳的暴晒下龟裂。由于表层土体和新鲜土体性质的差异，在风等外营力作用下脱离，形成面片状剥落。不同程度的墙面片状剥蚀，在墙体四面上都有发育。低凹区浸水主要发育在围墙和佛塔的基础部位。雨雪水的汇集不仅有冲蚀破坏作用，而且还使这些部位的含水量增加，加速了墙体的损坏。而且，雨雪等大气降水对围墙两侧泥塑的破坏力极大。

（三）裂隙发育

在长期的内外营力作用下，围墙和佛塔表面裂隙密布。裸露在外的土坯上及其与周围土坯的接缝多处已出现小裂隙。沙子被风卷起吹入这些裂隙，直接磨蚀内部，更加剧了裂隙的发展（图四）。

（四）盗洞扩张

佛塔的西侧、南侧以及东南侧都有寻宝人开挖的盗洞。这些盗洞早在100余年前英国的斯坦因来此考察时就已存在。由于长期的自然风化作用，盗洞内壁面开始风化开裂，在重力作用下产生变形，形成裂隙，将整个顶部分割成数块。最后随着裂隙进一步发育，周围土体对它的挤压摩擦作用减小，小于块体的自重，就形成坍塌。尤其是西侧下方的盗洞开挖较深，已经直抵佛塔的中心部位。它的扩张直接威胁建筑整体的安全（图五～图七）。

图四　佛塔表面的裂隙和小孔

图五　佛塔东侧的盗洞

图六　佛塔南侧的盗洞

图七　佛塔西侧的盗洞

四、热瓦克佛寺的保护加固方案

鉴于热瓦克佛寺的地理环境和上述病害问题，结合多年保护工作的实际情况，严格遵循《中国文物古迹保护准则》的有关规定，并参考类似情况的遗址保护方法，我们从实际需要出发，对佛寺进行保护加固，拟采取的措施有：

（1）由于人为盗掘形成的盗洞以及塔基部位因风沙掏蚀形成的悬空，已对佛塔的建筑结构造成严重威胁。为了提高了佛塔的整体稳定性，必须对这些部位，包括西面、南面以及东南面的几个盗洞，使用胶土和红柳枝进行夯补，避免病害进一步发育，及时消除隐患。

（2）风蚀是佛寺最主要的病害，必须谨慎应对。由于目前对佛寺的围墙及佛塔本体全面加固的条件尚不具备，我们考虑重点对关系寺院建筑整体的围墙进行必要的加固。研究表明，佛塔历经千年还能幸存，围墙的防风固沙起了较大作用。而且，被沙子掩埋的泥塑，无论是形体的完整，还是彩绘的保存，都要比裸露在外的一些泥塑好得多。因此，我们拟采用的具体做法是，在围墙的内外两侧的靠近墙根的部位，根据沙土的起伏状况，先平铺一层红柳枝、芦苇和骆驼刺等荒漠植物，其上再均匀码放大胶泥压实。然后再以同样的做法平铺红柳枝、芦苇和骆驼刺，码放胶泥块，如此经多数后，在围墙两侧形成两层加固带（图八）。红柳枝、芦苇有固沙作用，骆驼刺可防止啮齿类动物打洞对加固层的破坏。对围墙上出现的几处小豁口，也全部以胶泥块堵实，以确保围墙的整体闭合性。此举主要出于两方面的考虑。一是围墙内外两侧均有大量泥塑存在，必须对作为载体的围墙采取必要的措施；二是围墙本身有屏障作用，可固定流沙，在一定程度上减弱了风沙对佛塔的侵蚀。由于佛塔周围是流沙地貌，变动频繁，此举并未改变佛塔的周围环境，即不改变古建筑的原始风貌。

（3）对佛塔表面的裂隙，将其中的沙子清理干净后，用掺有麻刀的胶泥浆进行灌缝处理，补平裂隙。这样使已分离的塔身再次黏结，增加佛塔的整体牢固性，可以有效抵制自然界风和雨雪的破坏，延长佛塔的保存时间。

（4）对佛塔建筑水平面的一些较大的凹坑，以碎草和泥予以抹平，避免雨雪降水在这些地方长时间汇集，损坏墙体。

图八 围墙内外侧固沙

五、结　　论

热瓦克佛寺遗址的保护加固项目，是针对目前佛寺保护状况和存在问题采取的一项重要措施。经过现场勘察及分析，佛寺的主要病害有风蚀、水蚀、裂隙和盗洞等，其中以风蚀对佛塔威胁最大。在当前的情形下，应对佛寺首先实施抢救性的加固工程[2]，重点是稳固围墙、填充盗洞和控制裂隙的进一步发育。遵从“不改变文物原状”的原则，通过以上措施较好地保护了热瓦克佛寺，为将来更大规模的维修工程奠定良好的基础。

注　　释

[1] A. Stein, *Ancient Khotan*, Oxford, 1907. pl.36, plan XL.（A. 斯坦因著：《古代和田》，牛津，图版38、平面图XL，1907年）。

[2] 祁英涛著：《中国古代建筑的保护与维修》，文物出版社，1985年，第3页。

内容提要：位于新疆塔克拉玛干沙漠腹地的热瓦克佛寺遗址闻名中外，曾经是古“丝绸之路”南道上重要的佛教圣地。历经千年沧桑，由于自然和人为的破坏，热瓦克佛寺毁损严重，岌岌可危。经过现场勘察，我们发现佛寺建筑的主要病害有风蚀、水蚀、裂隙发育和盗洞扩张等。其中，尤其以风蚀的危害最为致命。通过分析佛寺的病害发育情况，充分考虑佛寺所处的环境状况，遵循《中国文物古迹保护准则》，我们认为，在全面加固佛寺本体的条件尚不具备的情形下，必须采取措施，首先对佛寺的围墙进行重点加固，同时修补佛塔表面的缝隙，填充盗洞，对建筑结构上实施抢救性工程，以延长佛寺建筑的存续时间，为将来规模更大的彻底维修奠定良好的基础。

关键词：和田　热瓦克佛寺　抢救性保护

Abstract: The Rawak Buddhist Temple, a world-famous ruin in Xinjiang, which lies in the Taklamakan desert, was an important site in south route of the Silk Road which connecting the East and the West in the ancient time. During the passed 1200's years, the temple was destroyed seriously due to natural and artificial factor. After investigation on the spot, we found the main diseases in temple are wind erosion, especially a deadly element, water erosion, cracks, and artificial holes. By analysis of diseases, in consideration of surroundings where the temple located in and abided by *Principles for the Conservation of Heritage Sites in China*, in the author's opinion, for the purpose of long-time exist of temple and laying a good foundation for large-scale conservation in the future, it is necessary to adopt rescue intervention to reinforce the enclosure of temple firstly, at the same time, renovate the cracks and fill the hole in surface of the pagoda.

Key words: the ruin of Rawak Temple in Khotan, rescue intervention

（本文作者：梁涛，原载《北方文物》2009年第2期）

附录一　古籍文献中有关和田佛塔的记载

于阗国。彼国人民星居，家家门前皆起小塔，最小者可高二丈许……其城西七八里有僧伽蓝，名王新寺。作来八十年，经三王方成。可高二十五丈，雕文刻镂，金银覆上，重宝合成。塔后作佛堂，庄严妙好，梁柱、户扇、窗牖，皆以金薄。

（摘自章巽校注：《法显传校注》，中华书局，2008年）

从末城西行二十二里至捍麽城。南十五里有一大寺，三百余众僧，有金像一躯，举高丈六，仪容超绝，相好炳然，面恒东立，不肯西顾。父老传云："此像本从南方腾空而来，于阗国王亲见礼拜，载像归。中路夜宿，忽然不见。遣人寻之。还来本处。即起塔，封四百户，供洒扫户。人有患，以金箔贴像所患处，即得阴愈。"后人于像旁造丈六像者，及诸宫塔，乃至数千，悬彩幡盖亦有万记，魏国之幡过半矣。幅上隶书云太和十九年、景明二年、延昌二年，唯有一幅，观其年号，是姚秦时幡。

（摘自范祥雍校注：《洛阳伽蓝记》，上海古籍出版社，1982年）

王城西五六里，有娑摩若僧伽蓝。中有窣堵波，高百余尺，甚多灵瑞，时烛神光。昔有罗汉自远方来，止此林中，以神通力，放大光明。时王夜在重阁，遥见林中光明照曜，于是历问，佥曰："有一沙门自远而至，宴坐林中，示现神通。"王遂命驾，躬往观察。既覩明贤，乃心祗敬，钦风不已，请至中宫。沙门曰："物有所宜，志有所在。幽林薮泽，情之所赏；高堂邃宇，非我攸闻。"王益敬仰，深加宗重，为建伽蓝，起窣堵波。沙门受请，遂止其中。顷之，王感获舍利数百粒，甚庆悦，窃自念曰："舍利来应，何其晚欤？早得置之窣堵波下，岂非胜迹？"寻诣伽蓝，具白沙门。罗汉曰："王无忧也，今为置之。宜以金银铜铁大石函等，以次周盛。"王命匠人，不日功毕，载诸宝舆，送至伽蓝。是时也，王宫导从、庶僚凡百，观送舍利者，动以万计。罗汉乃以右手举窣堵波，置诸掌中，谓王曰："可以藏下也。"遂坎地安函，其功斯毕，于是下窣堵波，无所倾损。

（摘自季羡林等校注：《大唐西域记》，中华书局，2000年）

附录二　近代英国探险家斯坦因关于安迪尔古城遗址的考察记录

一、安得悦遗址（节选）

（英）斯坦因 著　胡锦洲 译

第二节　发掘安得悦寺庙

2月21日早上，我们继续向东南方进发，走出大约才3英里就远远看见了向导们所谓Kone-shahr“塔”。尽管距离还远，但戴上眼镜后我还是能辨认出，正像在麻扎那里初次听说时猜想的那样，它确实是座宝塔。前往宝塔途中，我们曾穿过一条沙丘带，其中密密地长满了活红柳和一种叫做Ak-tiken的灌木，在离塔四分之三英里处还发现一口古井。经清理到9英尺深之后，这口井能出不少水，只是水质苦涩而已。在宝塔西边半英里处，我们进入一片遭严重风蚀的地方，上面到处散布着陶器的碎片，一直铺展到废墟的脚下，而且废墟四周也都为这种典型的“塔地”残迹所包围。经过初步观察，发现宝塔四周地面各处已被侵蚀下去10～15英尺不等。不出所料，废墟上有两处挖掘的遗迹，无疑是盗宝人所为。

就在我刚刚走近宝塔时，由尼雅招来的劳工们恰好也及时到达。考虑到他们来自120英里之外，其间又是荒无人烟，很难联系，如此巧遇实在令人高兴。这样，我们就能马上开始发掘工作了，而宝塔的详细考察则可留待以后再说。我迫不及待地又向东南方赶去，那里据说有着“古代房屋”的遗迹，可能找到比宝塔及其周围“塔地”上更多的文物。大约四分之一英里的地面上到处都是陶器碎片，大块大块赤裸的土地中间，只有一些高不过5～6英尺的小沙包。陶器碎片大多非常细小，带着时间的磨痕，其中能看出不少粗黑陶，有的碎片上还留着绿色的釉彩（有关样品的详细描述见文物表E.006）。再往前去，沙丘变得高了一点，间或有些沙包上稀疏地长着红柳，沙丘间的地面上时时可见枯死的胡杨树干从流沙中冒出头来，但建筑物残余的迹象总也看不见，直到走近围绕废址的那些沙丘旁边，这才发现了伊玛目・札法・沙狄克和牙通古孜那些向导所说的“古代房屋”。沙地上竖立着的一排排木柱子与别处的大同小异，但某种大型建筑物的高大墙壁和环绕废址的巨大泥墙残迹，却是十分别致，很有特色。

进入现场后，我很快就发现，南边的残余泥墙最为高大，保存得也最好，看来原是一堵大致为圆形的城墙。据后来精确测量，它包围着一块直径近420英尺（包括墙壁厚度）的地域。靠近城墙东段的大建筑物多半没被沙子埋住，不过当然也没能发现什么具有考古学意义的东西。它的西边有一条宽阔的沙丘正从城中间穿过，而在城中央附近则发现沙地上立着几排木柱。它们排列成正方形，马上就使人联想到丹丹乌里克那种带围廊的寺庙屋宇。在内圈方框的东南角上试掘了一下，马上发现一些松软、破碎的灰泥片，看来原是一尊大型塑像上面的。于是，所有劳工，也就是20多个尼雅来的“Madigar”，再加上向导以及他们能从河流上游牧羊点招来的所有身强力壮的男人，全都马上集中到这里开始了工作。

还不到一个钟头，我的猜测就得到了决定性的证据。从内圈的沙子里（东部5英尺厚，西部7英尺厚）露出了方形屋宇的木梁和抹着灰泥的墙壁，房子四周还有走廊，无疑是供绕行之用。走廊的外墙几乎完全毁了，为了安全地清理房屋内部，必须先做大量工作将其挖开。但尽管这样，在日落收工之前还是又找到一些灰泥残块，从而弄清了这个寺庙大概的装修情况。另外，我们三次发现了写有婆罗迷文的纸质佛教文书残叶，其中有三个半叶可清楚地看出是梵语佛经，这就使我能够大致确定了这座寺庙的年代。这些东西均发现于房子的东侧，躺在从原地面算起有1～2英尺厚的松散沙子里。经过第二天的发掘，小庙的主要建筑特征已呈现在眼前。但直到2月23日，内屋才终于清理完毕，并把找到的各种有趣的纸页和其他物品归类集中起来。

房屋内部为方形，长度18英尺，土木结构的墙壁厚10英寸。如平面详图所示，墙壁走向只是大致为正方向，而且构造也与丹丹乌里克和尼雅废址的不同，泥中没有草衬，但柱木颇为粗大，并用斜置的木椽子予以加固。内房和走廊的主要立柱均为9英尺高，但这是否即原屋顶的高度尚有疑问，因为房中央那组塑像原先肯定也差不多达到了这个高度。墙壁内面曾粗粗抹过灰泥，但没有壁画装饰的印迹。屋门开在东面，外边的走廊宽5英尺，墙壁结构相同，但毁坏严重，其泥土地面比内房地面高出3英尺之多。无疑，正是这种高差保护了内房墙壁的基部。走廊外墙东侧的大部分以及对门的一部分地面已经完全找不见了，可能是盗宝人过去挖掘打洞的结果，关于这个问题我在后面还要说及。

内房四角有泥制塑像。它们各自立在自己的基座上，而且与墙几乎没有接触。基座形似盛开的莲花，花瓣下垂。西北、东北、西南三角上的塑像还保留着下半部，而东南角的则已荡然无存，只残留下了试掘时挖到的那些无法分辨的小碎片。东北、东南角塑像旁肯定各有过一座小的雕像，不过现在只剩下了莲花状的基座。由于东墙毁坏，这些雕像自然也就破碎了。现在已很难说清塑像都是些什么神祇，只能根据处于四角这点来推测它们应是“四天王”。它们的衣饰类似于丹丹乌里克的神像，均曾经过雕琢和描画，与犍陀罗的明显不同。

这些塑像差不多有真人大小，均用混有草和其他植物的粗泥制成，胎内还交叉架着木棒并填以芦秆来帮助支撑。塑像表面覆有一层非常易碎的灰泥，颜色为红色，其成分经A·H丘奇教授分析为黄土加大量的黏土。这种灰泥里一般还混杂着非常细的植物纤维，但植物种类目前尚未能判明。除了在衣服的皱折处之外，这层灰泥上的颜色大多已经剥落，只能看出东北、西北两神像的袍子似乎是白的，而西南角那个则是红棕、深蓝色条纹相间。神像上部只留下了一些非常破碎的残片，说明早在流沙堆积到足以保护它们之前，那些脆弱的质材就已被损坏了。许多残片，尤其是内层的浅灰色泥非常松散，往往轻轻一碰就会粉碎。

所有能够安全移动的样品，在文物表里均有描述，而这里需要说明的是，它们绝大部分都是细红黏土（就是上文所说制作塑像外层的东西）制成的小装饰品，无疑是些贴身饰物，早在寺庙废弃之初就已掉落；因此才被稳妥地掩盖在堆积起来的沙层之下，发现时大多位于西北，东北塑像的基座上或其旁边。珠宝一类的装饰品，比如珠串等等，也许原是项链、头饰或手饰的一部分，有件类似的装饰品现在仍附着在西南角神像的腰带上。那些金刚式样的装饰品则可能曾是光轮上雕出来的饰物，与拉瓦克某些寺院里神像背后所见类同。另一块是西南角神像下垂的袍角，它必定掉落得很早，因此色彩保存完好。另外上还有：一个长长的耳垂，显然是西北角神像上的；东北角神像残破的头部和右耳；几个与人指同样大小的手指。手指里和饰品里都有木头和绳索作为支撑。

内房中央是个八角形的大基座或台子，长9又1/4英尺，宽7又1/2英尺，以土坯筑成，外面抹着厚厚一层泥。基座每面宽4英尺，六面稍有弯曲，东、西两面则是直的（见本书第64页平面详图）。基座本身比地平高出2英尺8英寸，上面曾立有四尊真人大小的灰泥雕像，三个莲花座算是多多少少完整地保留了下来，但冲着东方的第四个却见不着了，因为从东方进来的盗掘已经破坏了基座。基座中央，堆立着许多土坯和泥土作为雕像的依靠。曾占据基座主要四面的神像已完全损坏，只西、北两面留有双脚和垂在膝盖以下的袍子。由于两双脚都有1英尺，可以断定原像应为真人大小。残余服饰的样式，还有后面灰泥的形状，都表明神像是为坐像，但现已根本看不出是什么佛或菩萨了。中央基座上的这组神像，浮雕比四角的浅了许多，不过仍可辨认出灰泥上椭圆形光轮的痕迹，其下部一直达到双脚。可能是为了采光，内房屋顶的中央高高隆起。由于高起的这部分先已损坏，中央这些泥像特别受到天候的影响。再加上位置突出，所以现在才没剩下什么东西。

基座东面和东南面已被从前的盗掘彻底破坏。这当然是探宝人干的，不过他们虽然挖到了中央，却没有把沙子全都清理出去，因此未曾危及其余部分。至于他们的盗掘怎样搞乱了寺庙中的文书，这我在下文中马上就要讲到。另外，基座面对入口的那部分看来曾装饰着壁画，也几乎完全被探宝人所毁坏。东北面的壁画还在，可以看出两排男性坐像，每排七人，显然是佛或菩萨。壁画的颜色剥褪得很厉害，只能见到些轮廓线，有的地方甚至连轮廓也辨认不清了。尽管保存得如此糟糕，但这幅作品在描绘、制作方面肯定比丹丹乌里克的同类作品高明得多。至于东面的壁画，我却有幸发现了一块带着彩画的泥片。它当时躺在基座前沿过去盗掘所造成的坑穴里，坑里填满了松散的沙子。照片表明，尽管已严重褪色，它仍保留着精美、和谐的色彩，可以看出一个人头部和双肩，周围环绕着绿色的光轮，此人可能是坐着，旁边还可见到另一个人长袍的一部分。在后面的文物表中，安德鲁先生曾就这种灰泥粉底的制作技术细节作了有趣的说明。

头天下午试掘时，我就感到有发现文书的希望，结果在以后的发掘过程中完全变成了现实。这些发现具有特别的意义，不仅因为出现了多种语言和各种作品，而且还因为许多文书残片被找到时是处于某种奇特的状况中。某梵文佛教文书的三片纸头，是头一天在中央基座东侧高于原地面1英尺的地方发现的。我一眼就认出，它们原是大部头梵夹装经书的一部分。从边上的叶码和穿线的孔洞看来，它们都是左半叶。第二天一早，更多文书残叶陆续出现。在东北面同样离地不太高的地方，又发现两捆破纸叶，其中包括同一文书的12张左半叶和4张右半叶。最后，经过对内房其他地方的发掘，清理出中央基座东侧与进口之间的沙子后，从探宝人在地面上挖的约2英尺深的坑里，又找到几捆同一文书的叶片，有8张左半叶和19张右半叶，还有两张零星的半叶。根据左、右半叶各自的数量和叶码看来，我当时就认为这些叶片已包括了该文书的一大部分。赫恩勒博士的进一步研究更证实了这个结论，并且指出原文书看来共有46页，在已发现的散叶中全有体现。书叶中有三叶是全的，其左、右半叶可以完整地合在一起。完整的书叶应为14英寸 × 3英寸，每半叶五行，用清晰的竖体笈多字母写成，据赫恩勒博士认为应是七或八世纪物，而文书则是一种陀罗尼经典。从E.i.5（左半叶）和E.i.40（右半叶）这些最底层的叶片腐坏、褪色的程度完全相同这点看来，这部梵夹装经书在其左、右半叶被分开以前，可能曾完整地弃置了很长时间。后来，有可能是那次一直挖进中央基座的盗掘把它分成了两半，并且肯定是因此而散到了各处。

有了丹丹乌里克的经验，我从一开始就觉得这些文书叶片原是作供养品用的。这个推测很快就获得了大量证明。中央基座的北脚下发现两捆卷得很紧的纸片，可能是从上面神座上掉下来的。其中之一是份残叶，约有9英寸 × 3英寸大小，文字是斜体中亚婆罗迷文，但语言却不是梵语。另一卷用纸绳捆扎着，卷得很紧，直到运抵大英博物馆后才得以展开，结果出现了四张18英寸 × 3又3/4英寸的大纸叶，上写着粗大的竖体笈多字母。赫恩勒博士的检验表明，这些纸叶肯定出自某部非梵语的大书，而那种语言也许是“原始藏语”，经常出现梵语词bhaisajya则说明此书的内容是医药或法术。其他婆罗迷文书中包括三片小纸叶，分别发现于中央基座北、西、西北三面基脚部的突起上。由于其中两片肯定是同一叶的，因此当即就能看出是它被故意撕开，以便分别供奉于不同的神像前。

在中央基座周围，以及临近西北、西南、东南角神像莲花座的地面上，又发现一张保存完好的藏文大纸片和各种藏文残片。这些纸片纸质完全相同，书写同样清晰、整齐，不难当场判定全是属于同一部梵夹装经书。这样一来，上文所说的结论就得到了更生动的例证。文物表中详细注明了这些残片发现时散得很开的位置，那些出自墙底下或地面上的也许已经离开了原位，但大部分很明显是被堆积的流沙埋在了原处，也就是此书最后一位主人将其献给各位神灵时所放的地方。残片共有27张，已经巴尼特博士考定全都属于一部约1 7又1/8英寸长、2又5/8英寸宽的大梵夹装经书，内容为《舍利娑坦摩经》。与《甘珠尔》中所载的经文仔细核对之后。巴尼特博士确定了所有叶片的顺序，就连最小的也没漏过，从而编成了附录B第一部分中的辑本。另外，附录中还有巴尼特博士抄录的各种宗教文书残片及注释（第二部分），及弗兰克先生对那张大纸片上两首宗教诗的完整译文和注解（第三部分）。

由于巴尼特博士已对《舍利娑坦摩经》作过介绍，并就我发现的藏文文书写了“初步评介”。此处我仅对文书质地等主要事实，以及文书的语言学和历史学意义作一简要说明。纸片中有些几乎完整无缺的半叶，其字行排列（每页5行）和绳孔与前文所说的婆罗迷文梵夹装经书基本类似。但这些纸片上只有一面写着文字，这个特殊之处从一开始就被我注意到了。维泽纳教授对纸张作了细致的显微镜检验和化学分析，得出些很有意思的结论，可以解释上述的现象。他的研究证明，这种纸张的成分为某种经过充分浸解的瑞香科植物（可能是月桂）的生纤维，类似于现代尼泊尔纸所用的月桂纸浆。由于在新疆从未发现过月桂或与其同种的植物，这些文书看来并非写在本地，很可能是来自西藏。另外，它们与在同一废址以及丹丹乌里克找到的其他古代文书还有一个显著的不同，那就是防止墨水渗融，使表面更适于书写的方法。维泽纳教授发现，为了达到上述目的，纸上写字的那一面涂着厚厚一层米粉浆，与古代新疆曾流行过的各种“上浆”方法都不相同。对于这种古代亚洲纸张中前所未见的“涂浆”法的意义，维泽纳教授作了详尽的论述，说它是古代造纸技术上一个历史性的进步。并且更加证明了这份奇特文书确实是外来的。维泽纳教授还证明，包括E.i.i i纸叶在内的那些小藏文纸片，纸质主要特征与我和赫恩勒博士收藏的汉文、婆罗迷文文书相同，可判定是在和阗境内写成。

与《甘珠尔》本、梵文原文和汉文译本相比，复原后的这份《舍利娑坦摩经》大约只相当全经的一半，内容仅与《甘珠尔》中略有不同（后者似为较晚期的修订本，有所增补并改掉了一些古僻或含意不清的用语）。与那批藏文小残片和前述泥墙上的题字一样，这份文书也属于迄今所知最古老的藏文文字资料，具有极其重大的语言学意义。后文将要提到的考古证据表明，安得悦寺庙中各种文书的成书时间不可能晚于公元8世纪。正因为此，巴尼特博士和弗兰克牧师从经书和两首宗教诗中发现不少古僻的地方。但是，恰如弗兰克在其“总说”里详尽阐释的那样，更值得注意的却是，那两首宗教诗内既有很原始的地方，也有许多与近代方言相一致的写法。这样一来，问题就和藏文字母产生和佛教传入西藏的时间联系到了一起。我那位博学的同事已就此作过令人信服的说明。而我本人虽不敢发表什么意见，却感到在有关问题中，应考虑到安得悦文书里那种与近代dbu—can文相同的文字。因为从安得悦文书看来，现在通用的这种文字在当时就已基本定型了，而与之并存的古老写法也已开始过时。因此，认为藏文字母及其拼写方式产生了才不过一个世纪的传统观点，不能不受到怀疑。

在这个小寺庙里，除埋藏着形形色色藏文、婆罗迷文纸叶或其残片之外，还发现两小块各写着几个婆罗迷字母的桦（杨?）树皮残片。不知为什么原因，它们被粘在南墙表面的灰泥中，距东南角约6英尺，距地平面约1英尺高。树皮文书原来的形制已不可考，但样子似乎较当地及丹丹乌里克发现的其他婆罗迷文书更为古老，另外从残存的个别字词看来，原文好像是用竖体笈多字母写成的梵文。更奇怪的是，房子中央有个深达房基的坑穴，其中填满了沙子和垃圾，里面也找到一些带有婆罗迷字母痕迹的桦皮碎片。也许，这个坑穴曾用来存放某些东西，比如像宝塔底座中常有的那类物品。

在离塑像较远处的地面上，我发现三张分散的汉文小纸片。由沙畹的译文看，这些残片均为与宗教无关的世俗文书，和丹丹乌里克民居、寺庙中的属同一种类。E.i.44显然是官方记载的一部分，其中谈到某种呈文，还提及“左羽林军大将军王直将”。E.i.8，36说得是私事，可能是提出什么要求。残片上虽没有注明日期，但由于导致唐朝最终退出新疆的那些事件已经很明白了，所以这些残片仍足以证实：安得悦寺庙及其附近建筑物的废弃，肯定不会晚于公元8世纪。

清理内房西墙时，在西北角那尊塑像左侧发现三行汉字。由于墙壁上部坍塌，第二、三两行字已经残缺不全，但好在右边较短的一行包括题记起首部分在内还算完整，其中的日期为前述结论提供了确凿的根据。据沙畹的译文看，这题记写于唐开元七年即公元719年。由于墙泥表面粗糙碎裂，文字又是以某种钝器潦草刻就，“开”字中有几笔写得支离破碎、难以辨认，起初曾被错看成了“贞” 字，结果就成了贞元七年即公元791年。但三位中国文人和布谢尔博士分别研读照片后，全都认为那确是“开”字，证实沙畹的解读是正确的。同时，题记本身的内容也说明了这一点。

题记残文能够解读的部分中，明确提及“四镇”、“大蕃”（即吐蕃）及其官员还提到“太常卿秦嘉兴归本道”。无法确定秦嘉兴是否即前文中所谓曾经“闻其兵马使死”的那位显贵，沙畹也没能从中国的史籍中找到这个名字。但我们确实知道，从公元766年起，新疆的中国当局已与内地完全隔绝，一直处于困境之中，至790年或最晚至791年终于向入侵的吐蕃投降。因此，很难设想就在中国的管辖不复存在、四镇也已名实俱亡的这一年，和阗边缘地区一座寺庙的墙壁上，竟会留下关于某中国显贵回到“本道”的记载。不过我们还知道，早在公元714年，吐蕃就开始逐年侵扰中国的边区。大约在公元717年，他们与阿拉伯和反叛的西突厥一道攻袭四镇。后来，根据《唐书》中的一系列记载可以得知，中国在塔里木盆地及其邻近地区的实力自公元719年起又逐步恢复和扩张。但是，玄宗皇帝主要是凭借外交手段才取得了这一胜利，并没有强大的军事力量。题记中尊称吐蕃为“大蕃”——在公元822年的拉萨会盟碑中，西藏人就是这样自称的——可能正是上述事实的反映。

无论题记中称吐蕃为“大蕃”的原因何在，反正吐蕃确曾长期存在于这块地方。这不仅有前述藏文纸叶为凭，而且有许多藏文题字可以作证。这些题字刻画在内房的南、北墙上，出自各种手笔，大多甚为潦草。看来，这些题字也都是供单一类的东西，记录了对某尊神灵的供奉，并虔诚地祈求赐以某种福祉。西南角上的一条颇为奇特，其中记载着施主们献上一只“牦牛”，希望在“前往对面地方（西藏?）”的旅行中，得到“财物、食物和牧草”。整个看来，潦草的藏文题字全比汉文题记更加残缺难辨，而这自然不能说明它们的写作时间晚于汉文。但是，将同在西墙上的汉文题记和斑驳不堪、十分潦草的藏文题字加以对比，从其保存情况得出的结论却只能是：藏文的写作晚于汉文。

虽然藏文题字都没有直接标明年代，但完全可以肯定，它们（以及汉字）被刻画在墙壁上的时间，距殿堂中堆积起各种文书以及随后整个寺庙被废弃的时候不会太远。因为粗糙易碎的墙泥在曝露状态下，不可能长期不经修整而保持完好，而墙壁如有翻新，所有这些模糊不清的痕迹和其他汉文题记必将随之消失。根据汉文题记已能大致确定寺庙是荒废于8世纪中期，从而也就指明了藏文题字的时间。这一结论与下述事实也完全吻合：发现于安得悦古堡或其近旁的八枚铜币中，没有一枚是丹丹乌里克到处可见的唐币。另外，安得悦的雕刻、绘画遗物看来也确实比丹丹乌里克寺庙中的更为古老。

各塑像基座前面，散布着一些较简陋的供单，由于其大致成书年代已经确定，所以显得格外引人注意。中央基座西北不远处沙中，埋着一张长方形纸片，上面以简洁生动的彩色线条勾画出一头正给小犊喂奶的双峰驼。画面形象逼真，甚至可看出母驼臀部还有个烙印。献上这幅画的目的，可能是为了找回丢失的牲畜。西北角基座处发现两张揉作一团的小纸片，分别是两幅大画的残余。其中之一画着个人头，看来像是汉人。

另外，塑像基座前还发现许多与文书碎片混杂在一起的纺织品碎条。其中有些呈狭长三角形，有些则只是碎片，显然都是从衣服上撕下来的。正如玄奘所述，这些纺织品种类繁异，从精细的锦缎到像近代Kham那样粗陋、结实的棉布，形形色色无所不有。一些质地相同的碎片分别散布于中央基座四周和各角上的塑像前，看来是个急于向所有神明求告的人所放。这丰富多彩的供品，令人鲜明地回想起种种神奇景象：同样的碎片也点缀着伊玛目·札法·沙狄克安息之所的进口处，飘扬在新疆其他所谓圣陵的高大旗杆上。由此可见，对于佛教时期的民间祭献方式，伊斯兰教实际上没作过什么修改，而正是由于有了这种祭献方式，才给我们留下了许多颇具考古意义的织物样品。安德鲁先生曾对碎片作了详细的描述，一部分碎片还被复制了下来。其中特别值得注意的有：E.i.016和017，均是由色彩、质地各异的丝片缀成的小三角旗，有些丝片还加有棱线；E.i.018和019是厚重的织锦缎，表现出高超的纺织和配色技巧，由于色彩复杂精妙，图版很难反映它的全貌；E.i. 020有着深金的底色和白、绿、棕红、深蓝的图案，原件虽小，却很有艺术价值；E.i.021和022是所谓“松织”的丝织品；E.i.024是类似于薄棉布的丝织品；E.i.27与上类同，但带有棉线织就的图案；E.i.023为带菱形图案的白色精制棉（或麻）布，工艺卓绝；E.i.026则是一块普通的布片，染作黯淡的蓝棕色；E.i.029系一大块带着精工编结成的白色花朵形图案的蓝色棉布，似乎原来曾被缝制成一个小袋子，颜色是用至今仍流传于印度西北部的Knot法染上去的。

第三节　安得悦废址的古堡和宝塔

2月23日晨，寺庙清理完毕，我开始发掘它北面约50英尺处的一排小屋（E.ii，见本书第64页图一五）。小屋墙壁与寺庙同样为泥、木结构，但因上面覆盖的沙层仅有1～5英尺厚而损毁严重。小屋北面接一座带围墙的院落，似乎一度曾用作牛圈。最东头房间的南墙下有个4英尺长、3英尺宽、4英尺深的大坑，四壁均以灰泥抹光，有可能曾经是个谷仓。从东头第二间房子中的发现物看来，住在这排居室里的很像是些僧侣。

东头第二间房子（见本书第64页平面图中之E.ii）的面积仅有8英尺×4又1/2英尺，狭窄的南墙上装饰着一幅精美的壁画，尚部分存留着原来鲜明的色彩。壁画中央可能是尊差不多有真人大小的佛像或菩萨像，由于墙壁已自4英尺高处倒塌，现在只剩下了双脚和长袍的下部。神像背后是个椭圆形的蓝色光轮，内有许多身着红袍的佛或圣徒坐像，每人均由一个直径约4英寸的鲜绿色光轮所围绕。椭圆形下方两侧三角形空处，紧靠光轮各有一个斑驳不清、似跪似坐的人像，其后又各有一手执刀剑的立像。墙角装饰着1英尺10英寸高的带状图饰，庙于画面剥蚀，现在只剩下了两长条。上边一条表面尚未脱落，鲜绿底色上画着蓝色的浮鹅和百合花的叶子。下边一条则为红底，绘有蓝、绿两色的三角形鳞状花纹。丹丹乌里克D.vi号寺庙的壁画中也有类似形式的装饰，只是没有如此精致罢了。

小屋东墙与带壁画的南墙相邻处，有一排精工制成的木栏杆，后背嵌在泥墙之中。这个东西不知是做什么用的，只从栏杆顶端的形式看来，上面可能曾放过供品。东南角上约4英寸深的松散沙土内躺着一块保存完好的画版，绘着一个与印度象头神极其相似的四手Canesa或Vinayaka坐像，是为北亚所有大乘派寺庙的护法。另外，西墙角还有一根因曝露在外而严重损毁的光滑木梁或柱子的残部。它可能原是带有装饰的门柱的一部分，上面依稀可见深棕色佛像头部的轮廓，头后还有一个小光轮。所有这些绘画遗物无可置疑地表明，这间小屋曾是一个禅室。

西边那些房屋地面都比E.ii高出3英尺，其间未发现任何物品。庙宇西北那座部分严重损毁的独立小屋（E.iv，见本书第64页平面图）中，只有一个漂亮的泥火炉。

除环绕堡寨的高墙外，城内最显眼的就是位于东部的那座大型土坯墙建筑。主建筑物南半部那些宽大的土坯墙现仍高达10英尺，几乎未被沙子掩埋。但包括现已半露天的厅堂（E.iii，见本书第64页平面图）和东北角大房屋在内的北半部却填满了泥沙，在厅堂里足有9英尺深，在那间房屋里也有6英尺。墙壁厚度自外侧主墙的4英尺至其他墙壁的2英尺4英寸，各不相同。土坯中混有大量麦草，还杂着骨头、毛、陶片和垃圾等，尺寸大多为5英寸厚，约17英寸见方。另外在薄墙上又有一种3英寸厚，约12英寸见方的小土坯。这些土坯全都一排排平置于厚约2英寸、掺着大量麦草的泥层之上。在那些较大的房屋中，墙内按一定间隔半埋着粗大的木柱，显然是支撑顶梁用的。木柱的底脚约5英寸见方，突出墙面的部分为圆形。填满沙子的房间内，木柱还多少保留着原状，而空房子里的都已完全腐碎，原位置上只剩下了一个个的空洞。东北角房的沙地上躺着粗大顶梁的残骸，该处及厅堂（E.iii.，见本书第64页平面图）中，也都立有一些原来支撑顶梁的柱子。

北部那些房屋很大，而且填满了沙子，清理工作非常繁重，只有动员全部人手，并在2月24日、25日两天一直工作到深夜，才终于在限定时间内完成了任务。为使劳工免于忍受夜班工作的辛苦和寒冷，我们让他们尽量吃饱，还用红柳枝生起了大火堆。不出所料，房屋中没有任何可移动的物件，仅在角房内发现一座3英尺宽，用以席坐的土台子和一个大火炉。而那座向南洞开的厅堂里，部分保存完好的南墙粗糙泥面上写着许多汉、藏文字。从附录A第三部分中沙畹的解读与译文可知，紧靠立柱写的是“帝使辛国立”的名字，但可惜此人已无从考索。其余的汉字则过于潦草模糊，根本不能辨认。

整个看来，藏文题字保存得较好，有些甚至就盖在汉文上面，可见其书写的年代要晚于汉文。弗兰克已根据照片和我作的临摹对题字进行了解读。从他的译文看，其中最有意思的是这样一条（弗兰克标号C：见图版11上部，正好位于一些拙劣的汉、藏文字之下），它的主要部分中写道：“于上。Tom Lo m省Pyagpag地方，此军被智取，老虎得到了一顿美餐（意即有许多人被杀）”。在它的旁边，有显然出自另一个人的拙劣大字又补充说：“（现在）大吃直到你长肥为止”。这可能是有关吐蕃作战胜利（也许是战胜中国人）的记载，其语气特别是附言的语气相当粗野，很可能出于某些曾参与战斗的吐蕃勇士之手。但仅仅根据这些，还无法考证其中所指的事件。也不知道它是发生在哪里。弗兰克译出的另三条（标号为A的一条紧靠幅精巧的猛虎扑食图），文字更加潦草，其中说到丢失了某样东西，还说到墙上曾有过一幅画等。

E.iii废址无疑是堡墙内的主要建筑物。从厅堂、房屋的大小及总的平面布局看来，这里肯定曾是官员及行政机关的住所。堡墙应当就是为了保护他们而建。这一建筑的规模有点像是中国的衙门，但其布局与中国的传统建筑形式究竟相似到什么程度，我却没有能力加以判断。

古堡中仍留有痕迹的另一建筑是庙宇东南的那座住宅（E.v）。一开始，是那几根伸出沙子的木柱引起了我的注意。这座住宅包括上、下两层。上层除那些木柱子外，已经几乎完全不存在了，但还看得出其地面与庙宇和E. iii大致处于同一水平面。许多确切的迹象都表明，它的墙壁除通常的木结构外，还包括一排排竖放的坚实羊粪块，相互之间由胶泥层相联结。据劳工说，这种奇异的建筑材料现在仍时有所闻。经过挖掘，发现薄墙下面还有一层房屋或地下室。如草图所示，下层房屋的外墙厚达4英尺多，是干打垒的泥墙。分隔各房间的内墙则只有6～8英寸厚，均为普通的泥、木结构墙。外墙如此之厚，可能是为了借以抵抗周围泥土的压力。它没有任何进口，只能经楼梯自上而下进入下层。有一间房屋中，好像曾存放过当作楼梯用的梯子。胶泥外墙内埋着粗大的木柱，并一直通到上层建筑。下层房屋中未发现任何可移动的东西，只西南角房中有一座保存完好的大火炉。它的结构与丹丹乌里克民房中的火炉很相似，凸出的顶部还装饰着精美的灰泥雕塑。火炉的存在，说明这些原来高达9英尺的地下房屋，在某些季节里起码有一部分曾被用作住房。这种地下或半地下的房屋，在严寒的冬季里无疑比较易于保暖，而白沙瓦和北旁遮普那种Tai-Kahanas则另有用途，就是抵御印度的酷暑。记得Phi1ostratus在叙述Tyana的Apollonius的印度之行时，就曾提到过这一点。

除上述建筑外，靠北墙最北段还曾有过一间小屋，不过现在只剩下了残墙颓壁。此外，堡墙内再也看不到任何建筑物的遗迹了。根据地面状况和空间条件来判断，流沙下也不可能还埋藏着任何房屋。古堡的北半部多得是光秃的沙地，其间堆积着由马粪、秸秆、厩土组成的垃圾，有的地方竟厚达3、4英尺。我曾挖了一条深达原地面的宽沟以查明堆积物的性质，除上述垃圾外，只找到些破碎的粗陶片和少许粗棉布块、毡片、棉花种子等。这块地方显然曾长期用作厩舍。再往北去，光秃的地面上只剩下了粗陶器的碎片。E.i和E.iii南边空场上也大量撒布着这类东西，而且地面至今仍遭到严重侵蚀，比E.iii室内的地面已降低了3～5英尺。另外，堡墙大门口外也有许多陶片。

古堡残存的围墙也有些很有意思的特点。尽管不知它是否曾抵挡过敌人的进攻，但肯定保护了内中的建筑群，使这些古代遗迹逃过了沙漠地区最大的危险——风蚀和流沙。自衰颓的围墙顶上四望，不难看出周围地面已因侵蚀而至少降低了10英尺。但在围墙之内，流沙一旦堆积起来，就轻易不会被风吹走，从而成为那些遗迹的保护层。许多世纪以来，它就是这样以原建筑者未曾预料到的方式履行着防卫的职责，同时自身却遭受了严重的破坏，只有大门两侧、面向正南、全长约160英尺的一段，还能看出原有的结构和特征。残存的其他几小段都已颓坏，差不多成了不像样子的土堆，不过还能辨认出围墙的走向而已。与至今流行于整个中亚的城堡、建筑物的土围墙一样，这座围墙由黏黄土经压实而筑成，原本可能是长方形的。不过，在西北那段围墙内，普通的坚实黏土中，还发现了由石灰胶结成的硬土层。

围墙底宽约30英尺，向上逐渐收缩。仅有南面一段围墙尚能测得较精确的高度，即自E.iii室内地面量起约为17又1/2英尺。围墙顶部有一道3英尺厚、约5英尺6英寸高，用与E.iii主墙同样的大土坯筑成的胸墙，大门向东约40英尺长的一段仍清晰可辨。胸墙背后，一排排平置于泥土中的树枝表明，这里原是守望者巡逻时的走道，放置树枝显然是为了使墙顶更为坚实。围墙的大门如今只剩下了一个宽近18英尺的豁口，两侧各有一座方碉（或方形塔楼）。它们突出于围墙之外约20英尺，因损坏过甚已无从精确测量。大门以西，靠近围墙内壁的几根大柱子说明，那里曾有过一间嵌入内壁的小屋，看来是守望者的住处。由于沿围墙内基脚的侵蚀作用，从照片看来，大门口的地面现已高出其他地方。

残存的其他几段围墙，高度自5英尺至15英尺不等，看不出另有大门和碉堡。环形的围墙不存在“死角”，所以并不特别需要碉堡之类的东西。AK-sipi1古堡的残墙同样也是环形结构，而乌曾塔地附近那个可能属中世纪的小要塞则是椭圆形的。此外，我还在塔什米力克和喀什噶尔之间的乌帕尔兵站看到过完全一样的土墙。由此可见，新疆的中国当局至今仍很欣赏这类中等大小的环形堡寨。

至此，对安得悦古堡的考察已全部完成，却未找到任何直接的证据，能够说明当初修筑它的目的。然而，由于其荒废年代已经大致确定，再参考玄奘对该地区7世纪中叶情况的叙述，仍可做出一些合乎情理的结论。玄奘当时从尼壤（尼雅）东行而进入“大流沙”，曾对行人在这里碰到的艰难和危险作了生动的描述。6个多世纪以后，马可·波罗又以极其相似的笔调描写了沙州与罗布泊之间的大沙漠。越过四百里（即四站）流沙，玄奘到达“都货罗故国”。那里早已无人居住，所有城镇一片荒凉。

又东行六百里，玄奘来到折摩驮那故国即古且末，此处虽城郭依旧，却已断绝人烟，这个地方显然就是今天的且末绿洲。这是因为据玄奘说，此地距尼壤（尼雅）一千里，正好是现在的“十站”；纳缚波（楼兰）又在它东北一千里处。纳缚波早经考定就在罗布泊附近，而地图表明，且末绿洲正位于罗布泊西南方，几乎就在它和尼雅的正中间。

玄奘所记至尼壤（尼雅）、折摩驮那（且末）之间的相对路程，告诉我们那个已经变成一片荒漠的“都货罗故国”，应该就在安得悦废址一带，因为安得悦距直通尼雅和且末的大道不过12英里，而且据海定博士的地图看来，它距尼雅比距且末要近约16英里。这一带约在公元645年已经成为荒漠，但我却发掘到一个肯定在8世纪初还有过居民的古堡，对此可能存在两种解释：其一，玄奘经过之后十来年，中国再次控制了新疆，大概由于条件得到改善，这里重新开垦，有了居民，以后就为驻守的中国军队，可能还有在其保护下的某种地方当局建造了这座城堡多；其二，如果这个地方一直像645年玄奘所见那样，始终是片沙漠，那么安得悦古堡就可能是座小要塞，为了应付急迫的保安需要而被建立于中国至和阗的大道上。

两种解释之间似乎颇难取舍。《唐书》中确实有着中国统治时期沙州至和阗古道的路途记载，而且沙畹的注释曾明确指出，这条道路经过且末，并特别提到该地有中国驻军。但书中仅有一处提到驿站间的距离，因此，从且末开始一直到临近和阗的地方，其间宿站的位置全都没法确定。但是，由于有且末的情况可以为证——那里当玄奘经过时已成了沙漠，后来不出唐代就又有了居民，并成为中国的驻军处，我个人是向于第一种解释的。

马可·波罗对“车尔臣州”的描述，同样证实了在13世纪时，且末以西沿路仍有居民区存在。列举车尔臣众多乡村、城镇之后，他写道：“全州之地满布沙砾，自培因达此之道途亦然。所以水多苦恶，然有数处有甘水可饮”。这一记载与今尼雅、且末之间的情况完全相符。在下个段落中，他又说：“军队通过其境时，居民即携妻儿牲畜避入二、三日程之荒沙，而他人不能觅。他们甚知何处有水，人畜皆能存活。”马可·波罗显然是在暗示说，有若干河流消失于尼雅——且末大道以北的沙漠中，其尽头处的丛林为路南小村庄的居民提供了避难所。实际上，直到今天，情况确实仍然是这样的。

如能证明古堡西北那片布满各种残物的区域和宝塔，都是与堡区同时代的遗物，安得悦古堡周围曾有过一个定居居民区的假设就可得到证实。但不幸的是，除在古堡内及其近傍，其他地方均未找到钱币，而我们又还没有一种能够大致确定粗陶片年龄的科学方法，因此无法获得决定性的证据。宝塔周围的地面虽比各处为低，所受侵蚀也比古堡周围更彻底。但鉴于过去的经验，这类现象可能由各种物理原因而引起，很难据此判断谁先谁后。

以目前的知识水平，尚无法根据宝塔外形来确定其营造年代，因此须作实际发掘。2月25日，我把E.iii的发掘交给监工负责，自己着手考察残破的宝塔（见本书第8页的平面图）。由于外墙正面已严重损毁，再加盗宝人打洞造成的破坏，工作颇难进行。但在仔细地标定了尚存断墙的位置，又借助塔内方柱确定了建筑的中线之后，我还是成功地测出了它的精确尺寸。前面已经说过，宝塔周围地面因风蚀而大大降低，塔基之下已被掏空，其东南和西南面竟分别深达第一层土坯之下10英尺和15英尺。塔基为正方形，四角大致对向正方向，上面立着圆柱形的塔身。按照前面已经解释过的教义规定，塔基又分为三层：最下层边长27英尺，高1又1/2英尺（因严重毁坏而只是近似数字）；中层高6英尺，边长则缩小了2英尺，是塔基的主体；上层仅高 1又1/2英尺，边长再缩小2英尺。塔身直径16英尺，连同断裂的塔顶现高14英尺（原高度已无从测定）。从残存的塔顶处，有一根1英尺见方的柱子沿着建筑的中线下伸达7英尺深。

这根柱子可能曾支撑着一个大梁，梁上则安有Chattras和其他装饰塔顶的东西。盗宝人早已在塔身东南面打了个洞，一直通到那柱子下面。另外，塔基东北面也被挖了一个洞，可以进入建筑中央并上通至最高一层。由于两洞于宝塔中央相联通，看来其间几英尺泥土中肯定没剩下什么物品。宝塔由土坯筑成。这些土坯大多有5英寸厚，约18英寸见方，显得比E.iii的坚硬，接缝也比较密实。由于外墙面遭到破坏和风雨的侵蚀，已很难找到完整的土坯。整个建筑的表面曾涂着灰泥，但现在仅塔身北面还留着一大块。

宝塔周围是一片遭到侵蚀的光秃土地，上面分布着陶器的碎片，其面积表明，这里曾有一个相当大的居民区。至今仍流淌于废址附近（不出4英里）的安得悦河，肯定就是这居民区及古堡的水源。没有任何考古方面的证据能够说明宝塔的荒废原因，甚至它与古堡之间的时间关系也无从确定。在这片“塔地”中发现的古代遗物只有未经装饰的陶片。但在古堡废墟的沙子里和堡周围遭受侵蚀的地面上，却拣到了种类较多的玻璃和青铜残片。其中特别值得注意的是一件蓝绿色带金饰的玻璃片。尼雅来的向导伊卜拉欣称，他在西边月半英里处拣到两个有趣的小物件：一个是圆柱形的中国硬墨，一端有绳孔；另一个是立方形的骨骰，上面的点数与古代骰子相同，即相对两面的总点数为七。

（本文原载《新疆文物》1990年第4期）

二、安得悦废址（节选）

（英）斯坦因著　胡锦洲译

第二节　发掘安得悦唐堡及其周围地区

11月8日上午，我再次看到了安得悦废址的显著地标，就是那座高耸的宝塔。1901年来这里时，因为行期仓促，只发掘了宝塔及其东南约1英里的废堡内部而且废堡内还漏掉了一些埋得太深的房舍。现在，随着再次在它旁边扎下营寨，我的“考古狂热”也就得到了宽慰。大致踏勘了一番之后，我已确信中央那座小庙的遗迹在这段时期内没有受过损伤。上次就是在这个地方，我发现了婆罗迷文和藏文的手稿，还有标着年代的重要汉文题记。把庙宇西北角的浮沙清理出去之后，我深为满意地发现那题记再次出现，并仍然与从前见到时完全一样，于是蒋师爷可以亲自验证那个年号。它确实是“开元”，也就是公元719年。

接着，我赶紧奔往南边仅四分之一英里处，也就是沙提克自称找到佉卢文木简的地方。在伊玛目·札法·沙狄克时，他已把木简交给了我。那块地方到处都是低矮的沙包，上面的红柳死、活相杂，沙包间还有几道风蚀的土埂子。沙提克毫不含糊地指出了那个地方。它初看起来倒像是台田似的，只是不算太高。但我很快就明白了，松软沙坡上这些几英尺高的东西决非无关紧要，它们是粪堆，中间露出一座小屋半毁的土坯墙。看来，可能是在我初次来访之后，旁边的沙丘略有移动，使这个货真价实的废墟显现出来。据沙提克所知，比他还早一、两年有两个从民丰来找“宝贝”和古物的人最先发现这个地方，但他们只在地上挖了些洞，未曾顾及旁边的粪堆，而当我们略一翻动这粪堆时，陶器碎片、破毡块、粗布片和坚硬的粪块之间，就出现了一个圆形的小木板，明显是从木简上切下来的，上面还留着不完整的五排佉卢文字。沙提克的陈述得到了迅速、确凿的证实，他也由此得到了重赏。

我们立即开始工作，日落时已将废墟大部清理出来。土坯墙残存仅有3英尺高，其间分明可辨认出两间房子。墙顶及满房子的废渣上面，全都盖着厚厚一层厩粪和草。显然，这里曾把一座更古老的建筑推倒，利用剩下来的3英尺墙壁作了饲养牛、马的圈舍。在这两间房子以及比邻两处已完全平毁了的房间地面上，除发现各种小物品和三块字迹难辨的木简残片之外，还找到一份完好的佉卢文书，上面具有不少很有意思的地方。这块8 × 3英寸的长方形木简，清楚地写着9行佉卢文字，笔法生硬、刻板并有花饰，倒数第二行那串怪字则也许是姓名标记或署名。其形制不同寻常，使人想到较晚期的草体婆罗迷文，另一件奇异的物品是张柔韧的树皮条，内里写着一行非常潦草的字，看来有可能是婆罗迷文，不过至今仍未能解读。这里还发现一个布袋子，内有两粒火石。袋子的形制与前文所述同，破洞上还带着被火烧出的焦黑印迹。

在这个小废墟中的发现，其意义决不仅限于每件个别遗物的价值，而是在于为整个安得悦废址的历史揭示了新的线索。1901年发掘城堡内的废庙（E.i，见本书第64页图）时，曾找到章公元719年的汉文题记，以及许多婆罗迷文、藏文、汉文手稿残片。根据这些，当时我认为这个古堡是公元8世纪初的中国哨营，后来被吐蕃占领，于8世纪里即被废弃。在《古代和阗》安得悦废址章中，我已指出过下述事实：公元约645年间，玄奘返回中国途中，曾经过荒漠从尼壤去折摩驮那，即从民丰前往且末，并且发现这10天的路途上全无人烟。但从尼壤东行进入“大流沙”（这个称呼使人想起马可波罗所述罗布泊与沙州之间的沙漠）之后，他在出尼壤约四站，距折摩驮那约六站处，到达一个废弃的居民点遗址，当时传说是“都货罗故国”。据玄奘的叙述，这里“国久空旷，城皆荒芜”。

过去我已谈到，从玄奘记述的路程看来，他所见到的那个荒城，很可能就是

1901 年我发掘的古堡，或者起码是在古堡的附近。这个地方应该在公元645年时已经荒废，很难解释怎么会挖出个8世纪初的遗迹来。但是现在，就在我的眼皮底下，同一个废址中找到了许多佉卢文木简，从而证实沙提克的发现时，我感到自己已经有了正确的答案。很清楚，我们已发现了明确的考古证据，证明沙漠中的一个古代废址在若干世纪后又有了居民，同时也为玄奘那一般颇为精确的路程记述提供了新的例证。从其古老的书法看来，这次发现的佉卢文木简应与尼雅废址属于同一时代，而尼雅废址已知是废弃于公元3世纪末。由此得出的结论显而易见，即出土这些木简的E.vi废墟，肯定是玄类所见那个荒芜居民点的一座小屋。

根据我1901年的发掘所见，安得悦古堡在8世纪初期曾有过一支中国驻军，由此证明可能是在玄奘过后十几年间，随着中国重新控制了塔里木，由于条件改善和东去的行旅增多，这个地区再次出现了居民。何况，从这次发现的古代建筑本身的情况，也能看出有过第二度的居民，否则没法解释混有大量麦秆、谷粒的草层，也没法解释盖在断墙和屋内瓦砾上的厩粪。这就是说，当7 世纪下半叶这里重新出现居民时，显然有人觉得最好把家宅或厩舍建立在坍颓废墟形成的土堆上。就像我在达磨沟附近看到的一样，有人把沙漠重新开发出来，利用红柳包的顶部作为新“居”的宅址。

11月9日，我们继续在古堡周围搜寻，发现了另一些古老居民的遗迹。 E.vi 以南约80码处，有一座非常残破的小宝塔，从原地平面算起仅剩下了约11英尺高。它的底层只残留着约8英尺长一段南墙，其上层也是方形的，留有约15英尺西墙和约10英尺的北墙。整个宝塔用长约20英寸、宽13英寸、厚3英寸半的土坯砌成。底层南墙距地约-4英尺处，插着一排红柳枝，显然是用来支撑墙面上的泥塑突起。小丘上被打了个大洞，无疑是盗宝人所为。

唐代古堡西边约四分之一英里处，有座好像塔楼般的小土丘，初看实在不知是什么东西。与它毗联的还有座居室的一点残余（见本书第58页图六），这房子的木柱、泥墙只剩下了约8英寸高，但仍能清楚地看出水平放置的芦苇篱栅。1号房中出土了两件矩形佉卢文木简的残片，证明这个废墟属于较古老的居民点。另外，这里也发现一些小东西，如陶片、织物、画过画的木头等等。居室东边的小丘经清理之后，证实是座方形塔楼的残迹，其外周的边长为25英尺，里面填满了建筑的残渣。北墙仍有约8英尺高和约3英尺半厚，而且尚保留着墙面，可以看出它的构造为20英寸×13英寸×4英寸的土坯层，中间夹着1英尺厚夯实的泥层。其他那些尚能找到痕迹的前期遗址，似乎也都是用同样尺寸的土坯筑成。这塔楼的南墙，向西接出去一段约50英尺长的墙壁，也许曾是院墙的一部分。这道墙比塔墙略薄，已经残破不堪了。不过，塔楼的真正用途及其与旁边房屋的关系，现在是根本无从断定了。

E.vii以西约40码远，原先曾有一座大型建筑，但现在只剩了地面。在这里，我找到一枚残破的五铢钱，以及一块带浓艳蓝——绿色釉彩的陶片，其他则什么也没有。显然，此地是因为遭到特别严重的风蚀，所以才很少见到前期建筑的遗存，并不是根本没有这类东西，理由是从古堡向南约1英里的地面上，所有裸露的地方都散布着许多形制古朴的陶器碎片，此外古堡旁拾到的铜币看来也都是五铢钱，由其残破的样子，同样可以证实风蚀的力量。至于这些古钱的情况，将在后文中另行叙述。

在清理这些遗址的过程中，一个偶然的机会使我发现，唐代古堡的土墙有一段竟是建立在结实的垃圾堆上，土墙是在玄奘过去后的20年至多40年内建成的，而垃圾无疑是当时已完全荒芜了的都货罗故国的产物。事情是这样的：古堡仅有那个大门西边约100英尺处，有一段土墙被侵蚀得几乎成了平地，有个工人在返回营地途中由此经过，一边走一边东张西望，突然看见坚硬的垃圾层里戳着根小棍，小棍是用皮子折叠成的。我当即被叫到现场，亲手把它取了出来，展开后发现是份保存完好的佉卢文皮文书，大小约为4又1/2×3又1/2英寸内面有9行文字，外面只有1行，形制及折叠方式均与1901年在尼雅废址最大那个垃圾堆中发现的皮文书一致。

于是，我们把古代的垃圾堆认真清理了一番，搞清了它有6英尺高，下面似乎才是天然的坚实土地。在墙的另一侧，垃圾堆被包在了后来垒上去的墙泥层之间。无可怀疑，在这一段地方，建造者曾不顾结实与否，把围墙筑在了几世纪前留下的垃圾堆上。垃圾主要为羊粪和一些小细枝子，还混杂着许多丝、毡、粗毛制品的碎片。

弄清垃圾中是否有棉制品，对于考古研究很有意义，因据我至今为止的发掘经验，只有唐代或其以后的废址中才有这类东西。有鉴于这一标准，此处我必须说明：哈脑塞克博士在分析了我们提供的样品之后，发现从安得悦堡墙下挖出来的碎片中，根本没有棉制品，从而进一步加强了这垃圾堆较为古老的结论。这里还出土一具骨制刀柄，与从尼雅N.xxvi废墟发现的很相像。看来，在7世纪的建造者把它盖在中国古堡的围墙下之前，垃圾堆早已存在了很长时间，同时不知道还有多少古代的废弃物被埋在墙下呢。

由于围墙的阻挡，堆积起大量的流沙，上次我没能完全清理出古堡中最主要的那大片建筑。但此次工人较多，可以完成这项艰巨的工作了。从建筑E.iii东南部的iA号屋中，发现两根细木柱子，高6英尺4英寸，上面原来肯定曾有支撑屋顶的双托架。柱子上的许多凹凸线条只有用旋床才能加工，而它的最大直径达13英寸多，加工时肯定很困难。 西北角的大厅里只挖到一根木柱子，做工与前一根同样考究，但没有那么高大。这个大厅有46英尺长，27英尺宽，靠北墙有个4英尺宽、21英寸高的坐炕，残留的墙壁上还保存着6英寸多厚的灰泥墙面。其他那些房屋的墙上，也许都曾涂过同样的灰泥，不过现在全已剥落了。毗连院落的西北角上，墙上刷着约5英尺高的白灰，还可看出彩色图画的模样，其中能辨认出一个着蓝袍的跪像。另外，那里还有些藏文字，但过于模糊无法辨读。

这片大建筑以北地区铺满了厩粪，我们在其中发现两个填满沙子的地下室。它们无门无窗，显然须从上面进入，而地下室上面房屋的柱脚、墙根也还勉强能看得出来。地下室的墙壁有6英尺半高，土坯筑成，墙面涂泥。两室中都有精制的火炉，证明它是冬季的住房。如同尼雅、哈迪勒克的民居一样，紧挨着炉子是个可以坐卧的长台，是房中最暖和的地方。除此之外，房子里什么也没有了。和其他废墟中一样，这里也是只有火炉却没有烟筒，生起火来烟肯定少不了。看来，这里的人在其他方面很讲舒服，却不知:为什么没有注意到这一点。

值得注意的是，安得悦古堡建筑物中的梁木，以及院落、门户周围弃置的许多柱子、木头，大多是人工栽植的杨木（Jigda），很少见到胡杨，就是说当建造城堡的时候，附近地区肯定已耕种了若干年头。然而我却没见到多少死去的果树或园木。在唐代古堡北边风蚀严重的地方，也就是下文将要谈到的更古老居民区的主要部分之所在，则根本见不到这类东西；唐堡南面，果园、庭院的痕迹也不太多，仅有的一些主要是在沿废址西边的古河床左岸一带。我认为，见不到死树的树干只可能有两种原因：其一，古代居民点留下的枯木，在唐代这里又开始出现居民时被当做柴火烧掉了；其二，唐代古堡及居民区再次荒废之后，这个地方很可能曾长期是旁边商路上行人的歇脚之处，于是唐代植下的树木又化作了营火等等。

第三节　唐以前的遗存

蒋师爷和奈克・兰姆・辛格负责加紧发掘唐代古堡内的建筑，我则抽空去考察北边、南边更远处的遗迹。亨廷顿教授和新从安得悦铁里木找来的向导都曾谈起过它们。1901年时，我已注意到大宝塔废墟东北约1英里半之内，低沙包间立着许多不成形状的土丘。由于宝塔周围地面曾遭严重风蚀，当时我曾以为那些土丘不过也是风蚀的"幸存者"，只从远处看了看，没时间去详细考察。

11月8日，我探查了一些土丘，其中之一就在宝塔东南40码处，从它的情况就可以知道这些土丘究竟是怎么一回事了。这个小丘高达15英尺以上，乍看除了风蚀的泥土之外什么也没有，但经过非常认真的检查，从它的左面发现了一座人造的建筑，高约8英尺左右，可能是座小宝塔的最后残余。根据周围地面被侵蚀的深度，也根据其土坯同样是3英寸半厚，说这个小废墟属于"都货罗"居民点那个时代大致不会有错。

进入土丘群，我很快就辨认出，它们原是个大型围寨的一部分，但现已半埋在沙丘间，被风蚀破坏得几乎辨认不出来了。看来，安得悦铁里木那位有文化的居民托赫塔・穆罕默德禾加说得对，这些遗迹是该称为城墙。经过详细考察，在一些地方发现了围墙的残迹，把它们连接起来可以大致确定围寨的范围。它是椭圆形，从北至西约540英尺，南至东约340英尺。北面和西面的围墙看得最清楚。在西面，风蚀没能完全破坏掉围墙，留下了许多残段，可连成约440英尺长一线。东面的残段很少，但一直伸到比其对面更南的地方。南面的围墙则完全看不见了。根据在东边楼兰、安西、乔梓村等地对带围墙废址风蚀效果的考察，我敢肯定说从此地的情况看，风及其所带的流沙主要是从东北方吹来的。

显然，风蚀首先破坏了外面的围墙，然后夷平了里面曾经有过的建筑物。围墙内东南角上还留着另一些高大墙壁的残迹，似乎原来还有过一道围墙，围着块东西约 170英尺，南北110英尺的地域，但这究竟是像在E.iii所见的大块建筑区，还是某种要塞、堡垒之类，却是无从确认了。围墙内仅能见到的另一建筑遗迹是个小院落，在东面围墙最高大的残段旁，还剩下院墙的某些残余。其重要意义在于，这些东西之所以保存下来，是因为后来被盖上了一层结实的羊粪。当时，荒芜"古城"中某些较完整的房屋，也许成了放羊人的住所。围墙内其余没被沙丘埋没在的地上，只有些破碎的陶片，大多为黑色或深棕色。

围墙墙基可说是座压实的土堤，约有30～35英尺厚，上面是一层层土坯和泥土 。但是，围墙造得很不规则，或者曾经过多次修理，大多数地方一层土上只有一层土坯，但有的地方却有两、三层，不少地方甚至没有土坯，只有些不成形状的泥块。土坯基本上都是同样大小，长19～20英寸，宽13～14英寸，厚3又1/2 至4英寸。这一点十分重要，因为在E.vi、E.vii以及下文将要说到的最南端处废墟中，土坯也都是同样的形制。而唐代古堡、建筑所用的土坯，外形却完全不一样。 E.vi和E .vii均已由题字所证明，是属于唐以前居民点的。

由于各处风蚀程度不同，各段残墙与墙内撒满陶片的地面之间的相对高度也有着很大的差异，从约10英尺到26英尺不等。北面围墙前高大的红柳包，以及墙内许多地方的大沙丘，使整个废墟蒙上一种神秘的气氛，而且这种气氛并不因光秃地面上的开阔地带而有所减轻。这个地方看来没什么可以发掘，不过没有理由怀疑这些废墟连同唐代古堡南边那些，全都是更为古老、属于玄奘发现已完全荒芜了的"都货罗故国"之列。除了土坯的形制，墙壁的情况也提供了鲜明的证据。它们比唐堡的围墙更高大，遭到的破坏也更严重，这只能用早废弃了若干个世纪来解释。与此完全相符，围墙内的碎片也是更为陈腐。

关于这个废址的历史，现在已澄清了不少事实。由之看来，1901年考察过的那个大宝塔废墟，还有它附近以及东北边那个围寨周围大量"塔地"遗迹，全都属于唐以前的同一个时期。据亨廷顿教授和当地一些人的说法，大片"塔地"向北一直铺展到很远的地方。但由于那个方向看不到任何建筑的遗迹，而且亨廷顿教授的经历也证实了当地人关于那边没有这类东西的传言，所以我也就用不着再往前走了。亨廷顿认为，北边那些"塔地"的荒废时间肯定较早，但却拿不出证据。同时，严肃的考古学家也时刻不能忘记，由于风蚀作用，此类残迹是处于一种非常特殊的情况下，即各个不同时期的钱币、印章及其他一些可大致看出年代的东西，因风蚀而落到了同一层地面上，结果某件这类物品再也无法证实，同一“塔地”的其他遗物不是属于更古老的时期，同时也不能排除那地方后来又曾被开发或居住的可能性。

在安得悦废址，从风蚀地面上曾拣到许许多多小物品，全是处于上述那种情况之中。后面的文物表中，在唐代古堡周围拣到的东西与宝塔旁“塔地”和北边围墙内拣到的没有列在一起，但所有这些“小发现”之间并不存在明显不同的特点，其中对于年代考证最有意义的当属钱币。这些钱币全是中国铜钱。唐代古堡及古堡、宝塔之间拣到的大多为东汉以来的五铢钱，其中两枚形式有异，据中国钱币学家认为是5纪刘宋时期的，但也可能是早期发行的劣币。宝塔附近及其以北的“塔地”上，发现4枚五铢钱和一枚无铭文的钱币，即西汉的那种钱币。总的说来，它们与l901年发现的钱币没有什么不同。从根本没有唐代货币这一点看来，郡个圆形古堡的使用时期恐怕不会太长。

“塔地”遗迹中还包括各种手工或轮制的普通陶器，以及许许多多玻璃和青铜器残片等。那些玻璃器皿的残片特别有意思，其中有些从修饰或技法看来，与纪元初期西方的古典制品有着明确无误的关联。如伍利先生发现，E. Fort.003、0021及E. Stupa.001、002的泥釉，就是3世纪时欧洲常用的一种装饰方法。而另一件玻璃珠残块与E-vi .0014一样是镀过金的，从做工看明显是由西亚输入。关于更多的情况，后面文物表中有详细的舒述，可以参考，此处不再多说，只有一件东西需要说明，即在废址的南端，由于有许多红柳包挡住了流沙，因此光秃的风蚀地面不多，在那里拣到一块带花饰的玻璃片。它是个玻璃瓶的大块残片，上有纹线和沙底装饰，很像是1～4世纪的罗马产品，看来是从外地输入的。这个地方，玻璃品比尼雅废址多得多，是个显著的特征，不过对此还找不到恰当的解释。如前所述，安得悦初次出现居民时，尼雅废址肯定尚未荒芜，这就使上述的不同更加值得注意了。

下面，我要谈谈两次远行时所见的建筑遗迹。现在看来，它们大概是分布在废址最南部，其中最引人注意的是座带围墙的营寨，面积不大但建筑的规模不小。安得悦来的向导米赫曼称其为“孤立的建筑”。它坐落于宝塔以南3英里处密集的红柳包之间，所以亨廷顿教授费了好大劲才找到它，成为第一个见到它的西方人士。营寨为完整的方形，干打垒的土墙底宽8英尺，仅有南边一座大门，门前有个长方形的地堡（见本书第67页平面图）。由于所处的位置，特别是由于周围紧靠着红柳包而挡住了风沙，围墙受到的破坏较少，许多地方仍有18英尺左右的高度，墙外侧面还留有制墙（土耳其语称sighiz）时留下的模印子。长约3英尺，高2英尺。与宝塔附近那个带围墙的古代“市镇”一样，围墙也是一层土坯或泥加一层夯实的泥土层筑成。从远处，可以清楚地看出围墙上部的土坯层，但在能够近前的地方，墙表面的土坯都已腐坏，测不出精确尺寸了。北面围墙和地堡的顶上还留有一点胸墙的痕迹，胸墙有1英尺厚，显然就是用1英尺宽的土坯砌成。

寨内院落大约为48英尺见方，除背风的南墙下原封不动地堆着马粪和秸草外空无一物。沿着南墙，可见一道阶梯，从东南方遇到墙顶。门洞里，三根傍着内门的胡杨木柱还直立在那里，从原地面算起足有8英尺高。清理掉门洞内的废渣之后，发现一些雕梁的碎块。经尼雅来的人辨认，梁是用桑木和杨木制成，从而证实修筑这一小营寨时，当地是有农耕存在的。从起初我就直觉地感到，这整个建筑坚固牢实，很有古风。但这种感觉直到一年半以后才有了真凭实据。当时，我在敦煌边界上考察到一个几乎同样形式的古堡，确认它正是汉代敦煌至罗布泊大路上的玉门关。

此外，上面提到过的建筑特点，如土坯层加泥土层等，同样也证实了我的感觉，因为宝塔东北古代围寨的墙壁也是这样的。但下面所要谈到的事实恐怕更为重要，那就是营寨周围发现一些严重颓毁的小房屋，所用土坯尺寸与古代居点中那些可以考定年代的房屋完全一样。因此，尽管围墙相当完好，却不能由此就说是建造较晚。这一点从西墙旁边那个整整高出20英尺、顶上长满红柳的大沙包就看得更清楚了。根据在塔克拉玛干南缘其他废址的考察经验，除非这个废营寨是唐代以前的，否则不可能有这高出原地平面38英尺的红柳包。要知道，只有在周围地区已经废芜，成为沙漠之后，流沙才能开始堆积起来，而从防守的角度考虑，营寨不可能当初就建在已有的沙丘旁边。像现在这样，沙丘顶比寨墙高出近20英尺，寨内一切尽在眼底的情况，肯定会损害营寨的安全。

综上所述，我认为这个小营寨是整个废址中最古老的遗存之一，保存得比较完好则是因为在废弃以后，它的周围堆积起密密麻麻的沙丘，挡住了风沙的侵蚀。很可能早在唐朝时，这块地方已开始了向目前这种自然条件的发展变化。从建筑特点看来，建立这个营寨是个防御攻击的临时性措施，不像是为了长期驻军的目的。但这里是否如我猜想得那样，正好是汉代古商路通过安得悦的地方，对此却找不到任何证据，只能权作推测而已。11月9日初次见到这个营寨后，返回设在唐堡的营地时走的是一道洼地，种种迹象都表明它是条古河的河床。如地图所示，这河床距营寨不出1英里，看来像是个宽大河流的下游段，而那大河又是从Kok jigda-Ooghi1附近安得悦河现在的河道分出来的。河道如今虽已干酒，但两岸仍生长着茂盛的胡杨、灌木和芦苇丛。唐代古堡以南，沿着古河床的左岸，在大约1英里的距离内，可以见到园林的枯木，看来当建造营寨时河床中尚有水流。但是，这里没有见到任何建筑的遗迹。

11月12日，唐代古堡中最后一座房屋发掘完毕，于是我将营地迁回上游处的阔加布，迁营途中再次来到了上述南边的那个营寨，对它周围米赫曼所知的全部遗迹都进行了考察。遗迹不多，向东南方走出约半英里处，10～20英尺高的红柳包群间隐藏着一座房屋的废墟，其中残留着两堵土坯加泥筑成的墙壁，高约7英尺左右，东西走向的一堵长约8英尺，另一堵稍长，与前者相距26英尺并成直角，两墙之间的薄沙层下还可见到原地面的痕迹。残墙土坯尺寸与唐代古堡以南更古老的房屋相同，即长19、宽13、厚31又1/2英寸。墙的构造也是一层土坯加一层夯实的泥土，与大宝塔附近古代围寨和南边那个小营寨的围墙完全一样，只是这里的泥土层厚度不一，从 7英寸到12英寸都有。北墙附近还有堵木头、篱笆条墙的痕迹。

西北约四分之一英里处，一片风蚀的开阔地面上有幢立于高台上的小房屋，其中只有一间小房子尚可辨认。它的墙壁以对角编织的芦席为内衬，现只剩下了埋在流沙中约3英尺高的一段。上述两废墟中都没发现什么东西。米赫曼又带我向北走了约 1/4英里，顺着块小洼地来到一处地方，那里两座“坟山”的斜坡上散布着人骨。南边那座距顶点6英尺的地方，有个破碎的骷髅，还有些其他骨头，附近有两个保存完好的陶罐，看来是不久以前才被人从这儿的地下“发掘”出来。两个罐子都是用红黏土手工制成，样式与后来在喀拉墩挖到的类同。大的一个连长颈共11英寸高，最粗处直径8 英寸，口宽4英寸，罐身装饰着3道双线刻纹，中间夹着古朴的之字纹组成的菱形，罐颈刻有波浪纹。尽管很难确定其年代，但我觉得这样的图案肯定十分古老。另一个罐子就更普通了，它的高度和直径大约都是7英寸。

由此向西又走了约5英里半，直到抵达安得悦河边的阔加希牧场，再没遇到任何古代的遗存。一路上到处都是中等大小的红柳包，其高度在接近河道的地方明显变低。11月13日，我们从阔加希出发，去察看河西米赫曼所知的一些遗迹，这样也就完成了这一带的考古工作。在营地西北半英里处，当年亨廷顿教授见过的古代水磨还在那里。水磨并不难找，有条不深的渠道或水渠可以引路，这里剩下的东西不多，只有几根略经加工的胡杨木梁，以及一小段带槽的树干，过去曾被用来把水引到转轮上面去。遗物的情况和干水渠的样子，都说明这个废址不算很古老。

米赫曼声称，别的遗迹他有20年没去过了。由于浓密的红柳丛林，寻找那些地方费时又费力。在这片河边林地里，我们最先见到的是一条干沟。沟深约15英尺，横宽20英尺。据说，这条沟豁直通到阔加希上面，虽然弯弯曲曲，但大方向看得出来是向着西北。米赫曼告诉我，他曾顺着此沟一直到达比列尔昆干那边的废弃堡寨，而且他和其他当地人都咬定说这沟其实是条水渠。最后，终于在约2英里半以外找到了米赫曼所说那些遗址，原来是个红柳棚留下的残迹，被腐蚀得十分厉害，清理后未发现任何足以确定年代的东西，但混在泥土地面中的麦草清楚地证明，当时这附近肯定曾有着一些耕地。

（本文原载《新疆文物》1991年第3期）

附录三　现代新疆文物工作者关于和田佛塔及安迪尔古城遗址的考察记录

浮　屠　塔

浮屠塔，此塔为三层建筑物，下两层呈正方形，上层呈圆筒形。下层高1.9米，宽5.7米；中层高1.75米，宽3.5米；上层高1.9米，直径约1.8米。整个塔身用土坯加泥砌成（此土坯泥质精细，似用泥滩上的淤泥打制），外抹泥层。土坯大小不等，下面两层略大，长53厘米，宽23厘米，厚12厘米；上层略小。整个塔身的南部已坍塌，压缝砌筑的土坯清晰地裸露在外面。西面也遭破坏：最下层被挖出一个大缺口，上层也被由顶至底挖空，似为寻宝所致。东、北两面保存完好。外抹泥层，未加草筋。在塔的东北面是几座长着红柳的大沙包（客观上起到了防风的作用，致使塔的东、北两面保存完好）。在塔的东、西两面约10米处有用红柳编制而成的栅栏，塔南面是一片平坦的开阔地，散布着大量的夹沙红陶片、人骨。

（摘自盛春寿：《民丰县尼雅遗址考察纪实》，原载《新疆文物》，1989年第2期）

安迪尔东遗址

安迪尔东遗址大约位于E.83° 49′ 36″，N.37′ 34″ 附近，海拔1305米左右。遗址大致可分为三部分，即以古城为中心的夏羊塔格遗址，上文述及的佛塔和道孜立克城堡。

安迪尔东遗址大部分被黄沙覆盖。地表风蚀严重，漫布沙丘，植被稀少，甚至连枯死的植被也少见。风蚀洼地最深者，低于地表达3~4米，这种洼地往往也是遗物裸露较多的地方。以夏羊塔格古城为中心，陶片和各种文化遗物散布达数千米之广。我们在这里采集有陶、铁、铜和木等质地的各类器物残片。

（1）夏羊塔格古城。古城的城墙虽已残缺不全，但仍可看出基本上呈方形,边长100米左右，坐落在陶片比较集中的地区。从城墙的横断面可以看出，城墙下部夯筑，上部由土坯块和黏土泥交替垒砌而成，自风蚀地表起，高达8米；显然有修补的痕迹。已无法辨认出城门，但估计是朝南开的，因为南面有一大片平整的开阔地。围墙里面布局，约略可见有较宽的街道和完全废弃的房屋基址，几被沙埋。那里散布有大量铁块、炼渣、陶片、铜器残片、钱币、磨石、釉陶片和玻璃片等等文物。

（2）佛塔。佛塔在古城南200米，在道孜立克城堡西南约1.5千米；土坯筑，自风蚀地表高约10米。斯坦因在这里考察时，量得有一定数据，可以说明一些基本状况。"宝塔周围地面因风蚀而大大降低，塔基之下已被掏空，其东南和西南面竟分别深达第一层土坯之下10~15英尺（1英尺约合0.3048公尺）。塔基为方形，四角大致对向正方向，上面立着圆柱形塔身。塔基分为三层，最下层边长27英尺，高1 1/2英尺，中层高6英尺，边长则缩小2英尺，是塔基的主体；上层仅高1 1/2英尺，边长再缩小2英尺。塔身直径16英尺，连同断裂的塔顶残高14英尺。从残存的塔顶处，有一根1英尺见方的柱子沿建筑中轴心下伸达7英尺深。"比较佛塔周围和古城区的陶片，虽然都多为素陶，没有什么纹饰，但仍可得知二者特征基本相似。

（3）道孜立克城堡。其实原来可能是一处寺院，斯坦因称之为"Tang Fort"，即唐堡，据他考察得知，此堡可能曾被两度超用。道孜立克城堡在夏羊塔格城址东约1.5千米，也是安迪尔东遗址的东沿，围以圆形的围墙，现南段保存较好，系土坯所建。围墙里密布木桩和房屋遗迹，多被沙埋。围墙及房子的墙壁上均抹草泥，有的还留有壁画残迹。偏西，木桩有规律排列，多为方形，或单个，或多个方形连成一体，其中有一处成回廊状。这些木桩当初肯定属于一些木构建筑，连接木桩的中间物可能已被风刮走，而木桩因深植于地下，故依然存在。如确如此，则这些木桩当是建筑物的立柱。根据斯坦因的发掘结果，它们原是寺庙屋宇确凿无疑。在这里面，他发现了写有婆罗迷文的纸质佛教文书残页；内房四角立有泥塑佛教造像；另外还有汉文题字，一些浮雕装饰、壁画和一些小物品等，并得出结论，安得悦寺庙及其附近建筑物的废弃，肯定不会晚于公元八世纪。我们在地表还发现有陶片、釉陶片、残铁块，少量铜渣等遗物。

安迪尔东遗址曾是一个较大、且延续时间不算很短的居址，大概已没有什么疑问。这就使我们自然而然地想到维持其存在的水源问题，这无疑要追溯到古安迪尔河，它以前肯定就从古城旁边流过，后来可能因为某种原因而改道他处了。值得注意的是在夏羊塔格城西，我们发现一道胶泥土地带，即留有水淤痕迹，是否就是我们所渴欲找到的古河道呢？如果不是，那么就是后来又回归的河水所致，那么何以埋于沙中的纸质物却未被腐蚀掉呢？

（摘自塔克拉玛干沙漠综合考察队：《安迪尔遗址考察》，原载《新疆文物》，1990年第4期）

佛　　塔

北纬37° 58′ 34.9″，东经82° 43′ 14.5″，位于NK附近，处于尼雅遗址的中心地带。土坯筑，外表抹泥，残破严重。建筑形制：下方上圆，即下部为两层方形台基，下层现存高约2米，边长6米，上层残破较严重，残高约2.5米，边长约4米；上部为一圆柱体的塔身，残破更甚，残高约2米。

（摘自新疆文物考古研究所：《1991年尼雅遗址调查简报》，原载《新疆文物》，1996年第1期）

热瓦克佛寺遗址

位于吉亚乡北沙漠，距离乡政府驻地30千米，南北朝—唐代。面积2242.25平方米。遗址地处沙漠之中，四周均为沙丘，佛寺被沙丘包围，部分被沙丘掩埋。佛寺遗址是一组以塔为中心的佛寺建筑，由大致呈正方形的院落和寺院正中的佛塔以及院外深埋于沙丘下的庙宇组成。寺、塔大致坐北朝南，东墙中部为寺门。东、西墙长45.5米，南北墙长约49.5米，残高3米左右，土坯砌筑。院墙内外均有大小不等的贴壁泥塑神像和彩绘壁画，今多残毁。东墙外的小庙已毁。佛塔残高8米，分三级，顶部直径9.6米。塔基大致呈“十”字形，向四周延伸出台阶。寺院内外散布着红、灰陶片及带釉的陶片，还出土有剪轮“五铢”铜钱币。

道孜勒克古城

位于安迪尔牧场东南沙漠中，离安迪尔牧场直线距离21千米，古城西1千米即廷姆古城。古城坐落在盆地内的沙梁上，城址现已被流沙掩埋。唐代。遗址为城堡，略呈方形，面积7452平方米，墙用土坯砌筑，多已残毁。城内建筑有一小半仍残存有墙垣，多被流沙掩埋。其西北角有一规模宏大，木柱林立的厅屋，面积约169平方米。堡东南角上尚残留壁画，但模糊不清。曾采集到棉、毛、丝织品以及陶片等遗物，建筑构件的制作水平较高，有旋削的装饰构件。

延 姆 古 城

位于安迪尔牧场东南20千米，唐代。遗址西10千米为安迪尔河，该地总名叫夏央达克，为一平坦的盆地。遗址附近可见古河床痕迹，古城遗址面积3.5平方千米。其内有古城址两处，延姆为其中之一。在延姆西500米处有一佛塔，系土坯砌筑的三级覆钵式塔，通高11米，顶径5米，底径10米。延姆古城由主城与耳城两部分组成，主城面积约80～100平方米；耳城紧贴主城的南墙，面积约 27米×42米。主城城墙用碎石与河泥垛筑，最高达6米，厚8米。耳城城墙系用土坯砌筑，厚约3~5米，高度同主城。城内建筑多不存在，仅余土墙。附近有民居遗址。曾采集到红、灰陶片、木器、吐蕃文木简、纺轮、纺轮杆、 毛织物、五铢钱、核桃、地毯残片、石磨盘等文物标本。

尼 雅 佛 塔

位于尼雅乡喀帕克阿斯坎村北20千米，汉—唐代。佛塔基本位于整个尼雅遗址的中部，分为上下两部分，分为三层，下部分为两层呈正方形，上部为圆桶形。下层第一层高1.9米，直径1.8米，整个佛塔高度5.55米。塔身用淤泥土坯砌成，外抹草泥。

延 姆 佛 塔

佛塔距延姆古城西500米，是用土坯砌筑的三级覆钵式佛塔，佛塔高11米，顶径5米，底径10米，佛塔四周地表散布有众多遗物。唐代。

（摘自《和田地区文物普查资料》，原载《新疆文物》，2004年第4期）

后　记

《新疆和田地区佛塔抢险加固工程报告》是根据2007年新疆重点文物保护项目领导小组执行办公室有关会议精神和要求编写的。本报告收录了2005年至2007年三年新疆和田地区佛塔加固工程的主要成果，内容上侧重于尼雅遗址、安迪尔古城遗址以及热瓦克佛寺遗址中佛塔的抢险加固工程以及与此相关的研究成果。

本报告分为“勘察篇”、“设计篇”、“研究篇”和“附录”四个部分。其中，“勘察篇”收录的《尼雅、安迪尔及热瓦克遗址佛塔勘察报告》是编者根据现场踏查所获各种资料编写的；“设计篇”收录的《尼雅遗址佛塔保护加固项目设计报告》，其内容是编者在2005年上报国家文物局的原始文本的基础上对部分章节进行了补充修订后完成的；“研究篇”收录的《和田地区佛塔抢险加固工程技术总结报告》、《安迪尔古城东部遗址考察报告》、《新疆尼雅遗址佛塔保护加固实录》以及英文稿 *A study on the conservation of pagoda in the ruin of Niya in Xinjiang of China*、《新疆和田安迪尔古城佛塔保存现状及保护对策》和《新疆和田热瓦克佛寺保护研究》是2007年年底工程结束后，编者在实际工作的基础上陆续发表的考察报告、技术总结以及保护技术研究论文；“附录”收录了在工程项目开展初期编者收集的古代、近代和现代的相关文献资料。

本报告主要由梁涛执笔编写。彭杰对全书的文字部分进行了修订。彭啸江、丁炫炫和阿依建对图纸进行了技术处理。胡兴军提供了部分资料。照片主要由阿布都艾尼·阿不都拉、徐桂玲和何林拍摄。

报告编写过程中得到新疆维吾尔自治区文物局、新疆文物考古研究所、和田地区文物局等单位的大力支持和帮助，在此表示衷心感谢。

科学出版社孙莉和吴书雷两位编辑为本书的出版付出了大量的心血，在此也一并表示衷心感谢。

编　者

2012年5月

（TU-1071.0101）

ISBN 978-7-03-035985-8

定价：**148.00**元